夢のスターリングエンジン搭載

ソーラーカーは繋（つな）ぐ

百瀬 豊
Momose Yutaka

風詠社

はじめに

　アイシン精機がスターリングエンジン開発に乗り出したのは、当時の
オーナー会長、豊田稔の強い思いからである。我々技術陣はそれに応え
るべく、自動車用スターリングエンジンの開発から挑むことになる。

　オーストラリアでの3000kmのワールド・ソーラー・チャレンジに参
加せよと我がスターリングエンジン開発部隊に話があったのは、1990
年4月のこと。それは、これまでの太陽光電池をスターリングエンジン
で何とか走らせよという、とんでもない命令であった。

　それまで宇宙用に開発していたソーラースターリング発電と太陽光電
池のハイブリッドであれば何とか走れるということで、ソーラーカーレ
ースに参加した。結果はどうだったかというと、24位で完走。モース
トユニーク賞を獲得し、世界を仰天させた。

　これを皮切りに、通産省のムーンライト計画で開発した30kWスタ
ーリングエンジンを搭載した地上用ソーラースターリング発電（SSG）
の開発に、巨額を投じて邁進することになる。沖縄県の宮古島にSSG
を2基設置し、刈谷の本社に大型のSSGを設置し、そして、米国の
DOE（米国エネルギー省）のオファーでアリゾナ州に更に大型のSSG
を設置していくが、最終的には太陽光電池に価格と信頼性の面で敗北す
ることになる。

　残念ながら、豊田稔会長が1992年に亡くなられてからアイシンは夢
のない会社に転落し、スターリングエンジンの開発も暗礁に乗り上げ
た。そこで、私は2000年に途中退社して自らの会社を立ち上げ、スタ
ーリングエンジンの開発を20年間続けた。結果、ロケットストーブ発
電（RSG）をほぼ完成させ、8号機まで製作。高山市に2台販売したも
のの、完全には開発しきれず、やむなく会社を閉じたが、本書を読めば
RSGの開発が続行できるようになっており、具体的にRSGの問題点と
図面と回路図を記載してある。

思えば、豊田稔会長のような従業員に夢を与える偉大な経営者がおられたから、アイシンはここまで大きな会社に成長できたのだ。そして、私自身もライフワークを得て幸せであった。技術屋冥利に尽きると言っても過言ではない。

　そこで、私も皆さんに夢を与えたいと思い、本書に技術内容をまとめた。この本をじっくり読み、根気とやる気を持って取り組めば、ロケットストーブ発電は必ず完成させられる。一攫千金が狙えるだろう。平等を期するため私は協力することができないが、本書に掲載されている技術内容は全て公知になっているため、自由に製作可能である。

　それができたら、同じエンジンでモジュール型のスターリング発電機の製作に進める。これには設備投資が必要なため企業でしか行えないだろうが、複数台アレイで設置し、大きな廃熱回収発電（ゴミ焼却、工業排熱、LNG）といった未開の大きな市場にトライできる。

目　次

夢のスターリングエンジン搭載

ソーラーカーは繋ぐ

第1章

1990年、第2回ワールド・ソーラー・チャレンジに出場した背景

　私が、当時のトップ豊田稔会長からオーストラリア3000kmのワールド・ソーラー・チャレンジに出場せよという指示を受けたのは、1990年4月のことであった。

　鶴の一声。社長以下、技術研究所所長、我々担当部署は逆らうことなどできない。出場するからにはスターリングエンジンを搭載しろという暗黙の圧力を感じた。

　豊田稔会長はアイシン精機のオーナー会長で絶大な権限を持っていた。豊田稔は豊田佐助の長子で分家にあたり、豊田佐吉がトヨタ自動車の本家筋となる。本家に対する競争心は並々ならぬものであった。

　会長にはスターリングエンジン（SE）でトヨタのガソリンエンジンを置き換えてやるという野望があり、1976年に自動車用SEの開発をスタートさせた。どこでスターリングエンジンを見初めたかというと、たまたま戦地で使っていた通信用発電機が、あまりにも静かに回っていたからだ。エンジン音が高いと敵に察知されてしまう。すっかり、SEに惚れ込んでしまったようだ。

　豊田稔会長ほど経営者として尊敬できるお方は日本にはいなかった。豊田稔会長のもとでエンジン開発に携われたことを、私は誇りに思っている。東芝の土光敏夫、松下電器の松下幸之助、ホンダの本田宗一郎、トヨタ自動車の豊田喜一郎とならび賞賛されるほどのお方である。真の学者や技術者を大事にされる本当の会社経営を知る方であった。

　アイシン精機における実績は、ボルグワーナーと提携してアイシンAWを設立し、自動変速機を世界一にしたことである。また、ナビゲ

ーションや GHP（ガスエンジンヒートポンプ）を商品化に結び付けた。更に、アイシン精機に第二技術開発研究所を新設し、海外（アメリカ、イギリス、フランス、ドイツ、国内に３箇所）に研究所を創設。研究職員は 150 名ほどで、国内外の一流の科学者とのネットワークを構築し、エネルギー（スターリングエンジン、磁気浮上用超低温冷凍機）、人工心臓などの医療、移動体通信、ファインセラミック、色素増感型太陽電池、超伝導……などの最新技術に挑んだ。

　ちなみに第一技術開発研究所は、自動車部品の技術開発を 300 名ほどの技術者で行っていた。本来ならば、車両技術を有するこの第一技研にソーラーカーを走らすように指示があるのがスジである。しかし、スターリングエンジンの開発部隊である我が第二技研第二グループに命令が下ったのは如何なる意図なのか。私は「スターリングエンジンで世界をあっと驚かしてこい！」ということだと理解した。

1. 1970 年代の世相（日本は高度成長の終盤）

　当時、米国で車の排気ガス規制であるマスキー法が制定（1970 年）され、1976 年に日本版マスキー法が施行（実際には 1978 年施行）されるということで、自動車メーカーは排ガス規制にやっきになり、対策を急いでいた。ホンダがいち早く CVCC を開発したことは有名な話である。国内メーカーの殆どは EGR（排気ガス再循環）や三元触媒などで対応していた。

　米国の GM やクライスラーは排ガス規制をクリアするために巨額を投じて、排ガスがクリーンなスターリングエンジン（SE）の本格的な開発に乗り出した。内燃機関は高温の爆発燃焼で未燃の HC（ハイドロカーボン）や NOx、CO が発生しやすいが、SE は連続燃焼でこれらの排気ガスが容易にコントロールできるところに目を付けた。

　そこに 1973 年、70％にもおよぶ石油高騰による第一次オイルショック、1979 年にはイラン革命による第二次オイルショックがあり、石油

が高騰。国内ではトイレットペーパーを求めて人々が右往左往していた。この頃、石油などの化石燃料はあと30年しかないらしいと言われており、それは大変だと世界中が大騒ぎしたことはご存知だろう。だが、この石油枯渇騒ぎは、石油メジャーらが価格を上げるために行った謀略であったようだが……。

　また、太陽エネルギーや天然ガスなど、石油エネルギーに替わるエネルギーの利用や省エネルギーの促進で、ヒートポンプ利用やコージェネシステムが流行し、日本では通産省主導でサンシャイン計画とムーンライト計画が国家プロジェクトとしてスタートした。

　サンシャイン計画では太陽光発電が注視され、東芝、シャープ、三洋、三菱電機、パナソニック、ほくさんなどの家電メーカーや京セラが単結晶、多結晶、アモルファスなどの太陽電池開発に一斉に取り組んだ。そして、ガリ砒素では30％、単結晶は20％、多結晶は16％、アモルファスは9％の変換効率を得るまでに至ったのだ。

　また、1978年には香川県仁尾町に巨大な1000kW級太陽熱発電所が建設され、私も興味にかられ見学に行った。多くの平面鏡が多重円周で配列され、タワーの頂上に光を集中。その熱で蒸気を加熱して蒸気タービンを回し発電するというもので、未来はこのような発電が各地に建設され、クリーンな発電が行われるものと感激したものだが、数年で姿を消した。採算が合わないということが立証されたのだ。

　海外ではフランス、オランダ、スイス、アメリカのツールドソル大会。国内でも能登レースや鈴鹿サーキットレースなど世界中でソーラーボートやソーラーカー大会が行われた。参加者は自動車メーカー、太陽光電池メーカー、大学など様々であった。

　一方、ムーンライト計画の一環として「汎用スターリングエンジン」の国家プロジェクトに1982〜1987年の6年で総額100億円の予算が付き、事業がNEDOに委託された。代替エネルギーである天然ガス利用のエンジンを開発するのが目的である。

こうした排ガス規制、ゼロエミッション、化石燃料の枯渇、太陽光発電、および代替エネルギーへの転換といった課題を抱えた世界情勢の中で、1987年に第1回ワールド・ソーラー・チャレンジがオーストラリアで開催された。全長6m×全幅2mで太陽電池8㎡というレギュレーションのもとGMのSunRaycerが優勝した。GMはこれを契機にEV1という電気自動車をゼロエミッション車としていち早く販売したが、途中で断念した。各自動車・電機メーカーは電気自動車への可能性追求に乗り出したのが本音だ。

　ここで行きがかり上、渦中のスターリングエンジンについて詳しく説明しておこう。スターリングエンジンは1816年にロバート・スターリングというスコットランドの牧師によって発明された外燃機関である。当時はイギリスで蒸気機関車が発明され、産業革命が成し遂げられた時代である。しかしながら、蒸気機関車の爆発事故が多く、これに替わるものとしてオランダのフィリップ社で実用機が開発された。しかし、重量に対する出力が小さく、1870年代から出現した内燃機関（オットーやジーゼル）に駆逐された。

　しかし、多様な熱源、例えば、天然ガス、高温の排熱やダーティーな燃料、そして太陽熱などに対応し、エンジン音が静粛で排気ガスもクリーンということで1970年代頃から、スターリングエンジンが再び見直されてきたのである。

　SEは一言で言うと、将来を担う「夢のエンジン」であった。構造はシリンダーの中に作動ガスである熱伝導性に優れたヘリウムガスが封じ込められている。そして、外部から常時加熱し、冷却水で常時冷却される2つの空間がある。ディスプレーサピストンで高温室と低温室へHeガスを交互に移動させて、発生する圧力変動でパワーピストンを駆動するもので、次ページの図に示す通り、バルブを持たない簡単な構造をしている。Heは不活性ガスでエンジン内部を錆びさせない特徴がある。初期の頃は作動ガスとして空気を用いていたが、現在では殆んどHeを用いている。

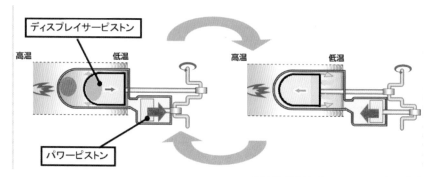

ディスプレイサーピストン

高温　　　　　　低温　　　　　　　高温　　　　　　低温

パワーピストン

図は株式会社プロマテリアルとの共作

2. アイシンの自動車用スターリングエンジンの開発スタート

　アイシンのスターリングエンジンの開発は、会長の肝いりで 1976 年頃から行われていた。原村、恒川、大内……が主体で行い、自動車用は 1980 年からスタートした。

　クランク型 4 気筒、作動ガスは水素である。なぜ水素ガスを作動ガスとして用いたかというと、H_2 の分子量は 2 g/mol で He ガスは 4 g/mol、水素は小粒のため流動抵抗が少なく、高速運転が可能となり自動車用には適していたからだ。

　私が担当したのは 1988 年頃である。アイシンのテストコースでカローラに搭載されたスターリングエンジンの走行テストを実施し、新聞でも大きく報道された。

　シリンダーには水素ガスが使用されるため、水素洩れを想定した爆破試験を事前に実施した。ボンネットを閉じて、水素をボンネット内に充満させ強制点火する。バアンという大きな音とともに火炎がボンネットのスキマから飛び出す。一瞬の出来事である。ラジエータホースやダクトが焦げていたが、車両の火災には至らなかった。

　安全が確認された後、トヨタ自動車の会長の英治さん、社長の章一郎さんを乗せて 100km /h で走行。我々は大いに緊張した。走行は成功したが、お客様が帰られた直後、オーバーヒートでエンストした。SE は

ラジエータへの放熱量が多くなるのが欠点だ。

　圧力制御後に燃料制御に入るので、ペダルモーションに対する応答性が悪く運転しにくいと評価され、トヨタ自動車のトップの鼻を明かすことができず無念であった。我が会長には悔しい思いをさせたが、お叱りを受けることはなかった。

　この自動車用スターリングエンジンの仕様は、次の通りである。

　ボア径φ66×ストローク36／出力44.1kW/3500rpm／効率28％／1000rpm／作動ガス平均圧力16Mpa／エンジン重量185kg／燃料はプロパンガス

ＡＥ９０自動車用スターリングエンジン

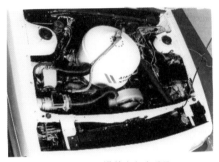

カローラに搭載されたSE

AE90は最後のモデル

3. ムーンライト計画（汎用スターリングエンジンの開発）への参画

　私が係長で37歳になった頃、スターリングエンジン（SE）で国家プロジェクトのムーンライト計画に参画するようにとトップから指示が出た。これまでの冷凍機グループを外れ、1981年に渡辺哲美と2人で準備会を結成。彼とは、この後、長い長い付き合いとなる。彼は最も信頼した部下となるが、当初は私のSEの先生であった。同志社大学の化学科卒、燃焼が得意で、SEの経験は2年くらい。非常に情熱家で、敬虔なクリスチャンでもあった。

　11〜12月、暮れの大蔵省予算獲得のため、1週間に一度は霞ヶ関に

出張した。通産省の担当は、あの江口さんであった。航空宇宙技術開発研究所から出向した技官で非常に厳しい人であった。私はまだ、スターリングエンジンには詳しくなかったので、渡辺が頑張って資料作りと説明役を引き受けてくれた。私は専ら接待役で、食事や飲む相手だ。この頃は公務員の接待にも厳しい倫理規制がなく、おおっぴらに行っていた。

その年の暮れの大蔵折衝の際には1週間前からアイシンの東京事務所に詰め、通産省からの質問に対応した。切迫した緊張感があった。

翌年2月、通産省の江口さんからアイシン東京事務所に、予算が付いたとの一報が入り、2人で手を取って喜んだものだ。

この件は、当時の会長の豊田稔さんと社長に伝わった。急遽スターリングエンジンの研究棟を新たに造ることになり、私がその企画を任された。一方、NEDOに準備会が設置され、実行計画案の策定に入る。初年度は7月に国との契約が取り交わされ、残り8ヶ月での開発となる。

スターリングエンジンのチームも8名が決まり、部長に近藤さん、リーダーに私が就任した。8月には、新たな西尾分室の第二技研の人員と設備が一斉に新築の研究棟に移動した。そして、私が38歳の時、1982年8月にムーンライト計画がスタートした。アイシン、東芝、三菱電機、三洋電機の4社とこれを束ねるNEDOと機械技研などの多くの国立研究機関が参画した国家プロジェクトである。

3ヶ月に一度のペースでNEDOに対して進捗報告があり、その時には、各社代表委員、国立研究所の委員、通産省の役人、事務局NEDO総勢15名が揃う。私は委員の1人で報告するが、アイシンはリーディングカンパニーのため最初に報告する。各社委員は後の三菱電機の社長・会長となる野間口氏、後の三洋電機の専務となる寺田氏、後の横浜国立大学教授となる東芝の坂本氏で、NEDOの統括担当官が中谷氏である。

委員は皆、後年出世して大物になったが、私だけは参事補止まりであった。委員会が終わると野間口氏が先導役となり、居酒屋で飲んで互いの会社自慢をしたものだ。時には、数十名が団体で世界中のSEの海外調査にも行った。こうして培われた人脈は後年、大いに私の助けとなっ

ていく。

　アイシンのエンジン形式は、斜板駆動4気筒ダブルアクティング NS30A（30kW）だ。各社は一斉に粛々とSE開発に取り組む。年間予算は約5億円である。

　1985年後半戦に向け、チームは30名の精鋭の技術スタッフと3名の事務スタッフが再編成される。私は統括課長。部長は近藤参与、担当役員は技研所長の加藤専務。1週間に一度、真剣な全体会議で方向を修正しながら最後の追い込みをかける。

　1987年は計画の最終年度。特に、エンジンの最終目標の達成度と応用の20冷凍トンの冷暖房システムの動作確認と書類検査が実施された。一方、5mくらいのボリュームの経理書類の整理とチェック作業も膨大である。書類審査はNEDOから3人が来て3日かけて実施され、引き続き、国の会計監査が入っての審査も行われた。私は統括責任者であるため、立会いを行った。厳しい質問が飛び交い、汗ダクダク。宿題もなく、不備も少なかった。

　国から金を貰うのはいいが、膨大な事務作業および検査が開発以上に大変である。エンジン性能およびヒートポンプ性能検査は機械技術研究所に持ち込み、あの主任の山下さんが行った。筑波の研究所に3日間泊まり込みで行った。機技研の山下巌氏は大変頭のよい方で、自らSEシミュレーションコードを作り上げる学者であり。自ら動力計を操作し、そして、自らエンジン性能計測や排ガスの測定を行う技術者でもある。

　結果は、目標熱効率35％のところ37.5％、最大出力30kWのところ30.5kWで、全てクリアした。1000時間連続の耐久テストとSE冷暖房システムも、検閲を受けながらアイシン社内ベンチで実施された。燃料は都市ガス9800kcal/kgである。

　他の3社も合格であった。国家プロジェクトとして成功裏に終了できた。我々チームメンバーは達成感に酔いしれた。6年間におよぶ大プロジェクトは完了したのだ。

　しかし、まだ、実用化には遠い道が残されている。耐久性と製造価格

の問題である。ちなみにエンジン単体の1台の制作費は1000万円強もするのだ。

汎用スターリングエンジン（NS30A）の最終性能結果

ボア径φ60×ストローク52.4／出力30.5kW/1500rpm／効率37.5％/1000rpm／作動ガス平均圧力8Mpa／エンジン重量243kg／NOx142ppm／騒音65dBA

NS30A30kW スターリングエンジン

20冷凍トン空調パッケージ

4. 実用化を目指すポストムーンライト（コージェネシステムの開発）

　1988年以降はポストムーンライトとして東京ガスおよび大阪ガスとのスターリング・コージェネの共同開発がスタートした。渡辺課長、中野、他7名が担当した。発電出力は20kWでお湯が取れる。総合エネルギー効率が高いということで当時の流行であった。大阪ガスでは1年間をかけて持ち込み評価テストが実施された。価格や耐久性、メンテの問題が指摘され、実用段階に入れなかった。

　当時、ガス会社は都市ガスで回るエンジンを要望しており、内燃機関をモディファイしたガスエンジンが世の中に出現していた。スターリングエンジンとの比較試験が実施され、結果はガスエンジンに負け不採用

となった。

| 大阪ガス向けコージェネシステム | 東京ガス向けコージェネシステム |

これを受けてアイシンは動いた。会長指示で、東京ガスと共同でガスエンジンヒートポンプ（GHP・天然ガス燃料エンジン空調機）の開発に乗り出すべく、第二技研に第三グループを設置して。1998年に5馬力GHPをいち早く商品化した。

そして、残念ながらスターリングエンジンは価格、耐久性、性能、利便性全ての面でガスエンジンに後塵を拝することとなった。

1989年に私は参事補に昇格した。43歳。第二技研第二グループの長となる。メンバーはアイシン精機の精鋭部隊約30名をそのまま率いた。

自動車用スターリングエンジン開発チーム、汎用30kW SEスターリングエンジン開発チーム、太陽熱発電チーム、宇宙用ソーラースターリングチーム、他の5チームがあった。これらのチームの状況に関しては、話の流れに従って語ることになる。

実は1990年のワールド・ソーラー・チャレンジへの出場決定が下される以前に、その前段があった。それは1989年の1月に浜名湖のソーラーボートレースに参加せよと、やはり会長からの指示があったことだ。

一方、太陽熱発電は太陽光発電より高効率で発電できるということで注目を浴びつつあり、当時、太陽熱の利用が最適と思われる宇宙用ソーラー発電の開発を行っていた。米国NASAでも、アイソトープを熱源とするスターリングエンジン発電機が軍需用衛星の電源として打ち上げ

に成功していた。

5. 宇宙用スターリングエンジンの開発について

　1986 年、宇宙用ソーラースターリングの開発に着手。文科省宇宙研
の棚継先生の指導を受け、三菱電機の低軌道の観測人工衛星に搭載する
ことを狙いとした。棚継先生から宇宙環境や人工衛星の指導をいただき、
野川が係長となって石川、浜島が宇宙用のソーラースターリングの開発
を開始。相模原キャンパスにも何度か訪問。

　宇宙環境は夜マイナス 273℃の低温、昼 150℃以上の高温、無重力と
いう悪環境である。しかも衛星は 1 日に 3 回地球を周回する。しかし、
日射量は 1.35kW/㎡と地上での日射量の Max 1 kW/㎡よりはるかに良
い条件となる。当時の太陽光発電は宇宙埃や紫外線で損傷を受けやすか
った。その影響の少ないスターリングエンジン発電が期待をされていた
のだ。

　無潤滑に対応するためモータ駆動でディスプレーサーを駆動、そして、
パワーピストンはフリーとする γ 型スターリングエンジンとした。また、
発電機はリニア発電とした。

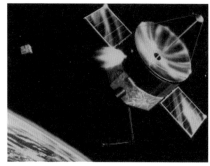 

カセグレン型集光器付き人工衛星　　　宇宙用ソーラースターリングミニチュア版

　3 年間ほど開発を行ったが、ロケット打ち上げ重量制限（30kg）の中

で出力性能目標 3 kW を達成するのは、全く困難であると判断した。SE
は重量に対する出力（比出力）が小さくなるのが欠点である。そして、
作動ガスの圧力が 3 Mpa 以上必要で高圧容器になるためシリンダー壁の
肉厚が増え、重量が増すという欠点を克服できなかった。

　ソーラーボートの指示があった時は、ちょうど宇宙用ソーラースター
リングの開発を断念した頃であった。

6. 前段階のソーラーボート大会に出場

　これも会長からの無言のプレッシャーがあった。

　我々は、宇宙用ソーラースターリングのミニチュア版と太陽光電池の
ハイブリッド型で出場することとした。これまで自動車用 SE を担当し
ていた内藤をリーダに、佐藤、宇宙用 SE の石川でチームを編成した。

　太陽光発電は当時、変換効率（20％）の高いシャープの単結晶とした。
モータはブラシレス DC モータを、モータドライバー（コントローラ）
は当時、商品化されたものが手に入らず、高岳製作所の開発品を充当し
た。ベルトで減速してプロペラを駆動する。

　船体は双胴で、ABS 樹脂で成型した。製作には 3 ヶ月を費やした。

　それから 1 ヶ月、夏の暑
い日差しを受けてメンバー
は浜名湖で訓練をした。ソ
ーラースターリング発電は
80Wの発電出力。集光器は
カセグレンタイプで主鏡、
副鏡ともに ABS 樹脂で成
型し、銀蒸着した簡易的な
ものであった。

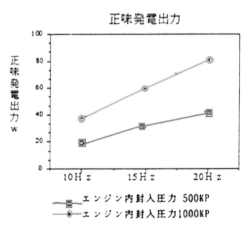

ソーラーボート用スターリング発電機性能

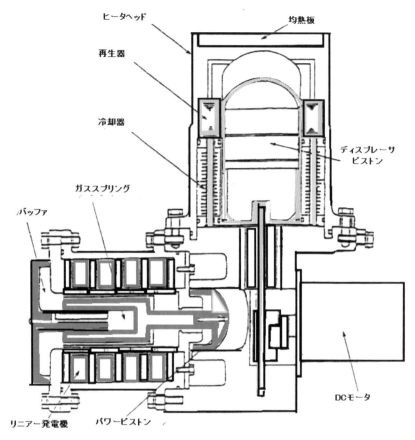

ヒータヘッド

均熱板

再生器

冷却器

ディスプレーサ
ピストン

ガススプリング

バッファ

リニアー発電機

パワーピストン

DCモータ

ソーラーボート用スターリング発電機

　しかし太陽追尾装置が付いておらず、手動で追尾する必要があった。
ローリングする船体に合わせて追尾するのは難しい。

　実際の試合では天候が曇りで、生憎、ソーラースターリング発電機は
作動せず、幸いにもパラボラが帆かけの役目を担っていた。殆どのソー
ラーボートはバッテリーの充電した電力のみで走っている状態。結果、
出場35艇中2位でゴールした。

　多くのギャラリーが浜名湖に押しかけたが、その中でも我が社のソー
ラーボートはかなりの注目を浴びた。

我が女房や子供たちも応援
してくれた。浜名湖に家族を
招待し、昼は浜名湖のサービ
スエリアで食事をした。女房
にはいろんな面で苦労をかけ
てきたので、こうして罪滅ぼ
しもしておかないと。

ソーラーボート調整

ソーラーボートレース

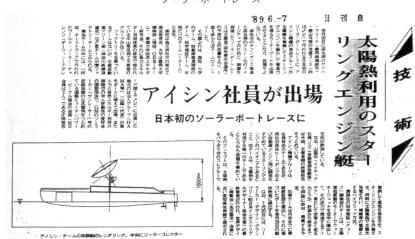

日刊自動車新聞 1989 年 6 月 7 日

第2章

1990年、第2回ワールド・ソーラー・チャレンジ 3000kmに挑戦

　ソーラーボートの試合が終わった後、1990年の4月オーストラリアのワールド・ソーラー・チャレンジに出場するように豊田稔会長から指示が出た。こうしたレースに参加することは、会社のイメージアップと技術者のモチベーションアップになるという会長の思いがあった。

　我々の目的は移動体における追尾機能付きソーラー発電の実証試験である。また、将来的には太陽光の短波長の光を利用して太陽光発電を行い、そこをスルーした長波長の光の輻射熱でソーラースターリングを作動させることにより、より高効率な太陽エネルギーシステムが可能になるという期待もあった。

　製作費や渡航費、輸出入費および滞在費を含め1.6億円の社内予算が付いた。

　我が第二グループに指示が来たということは、ソーラーボート大会に引き続き、やはりスターリングエンジンを搭載しろということと理解した。

　チームの技術リーダーは、ボートの時と同様、内藤君とし、車体設計を伊藤君、補佐を佐藤君、スターリングエンジンの担当は石川君とした。開発期間は6ヶ月。あまり時間がない。休日と夏休み返上で製作にあたった。

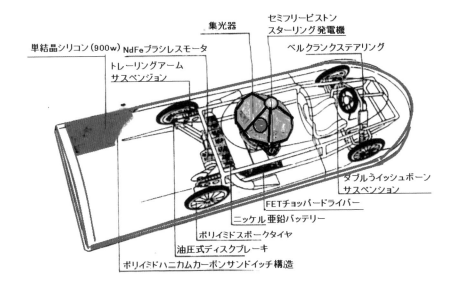

単結晶シリコン(900w)NdFeブラシレスモータ
集光器
セミフリーピストン
スターリング発電機
トレーリングアーム
サスペンジョン
ベルクランクステアリング
ダブルうイッシュボーン
サスペンジョン
FETチョッパードライバー
ニッケル亜鉛バッテリー
ポリイミドスポークタイヤ
油圧式ディスクブレーキ
ポリイミドハニカムカーボンサンドイッチ構造

　ボディの製作に最も時間がかかった。デザインはデザイン部の小此木
君が行い、木型製作を中野木型製作所で行った。樹脂ボディはポリイミ
ドハニカム、カーボンサンドイッチ構造で行ったが、修正が多く、3000
万円ほど予算オーバーとなった。

　シャシー設計にあたり、別の部の同期の羽根田やトヨタでシャーシ設
計の経験がある技研の小室専務が指導してくれた。そのお陰で足回りは
次のように決定された。

　サスペンションはフロントダブルウイッシュボーン方式で、リアはト
レーリング方式でレーシングカーと同じだ。

　制動装置は、自社製品の油圧ディスクブレーキとマスターシリンダー
を使用した。

　モーターは、ボートと同じ高岳製作所製1.5kW/3000rpmのDCブラ
シレスモーター、磁石はネオジ―鉄で制御はPMW制御方式である。

　太陽電池は、ボートと同じシャープ900W、単結晶太陽電池のサイズ
は4×2mで8㎡、ソーラースターリングの集光部も、この範囲に含ま
れる。

蓄電池は、密閉型ニッケル亜鉛電池ユアサ製。

タイヤは、自転車用スリックタイヤ 20 × 1.75inch。

性能は、最高速度 50km /h、巡航速度 40km /h。

車両重量は、予定より 80kg もオーバーして、310kgの車両重量となった。このことから、最高速度は 70km /h の目標が 50km /h に落ち、巡航速度も 40km /h に低下する。

ソーラースターリング発電機は、宇宙用ソーラー発電を流用。ヘリウムガス圧 1 Mpa、 1 kW /㎡の入射量時に 80W の発電をすることを確認。冷却は空冷、走行風をガイドする。そして、自動追尾装置を組み込む。

システムブロックダイヤグラムは、次の通りである。

AISOL システムブロックダイヤグラム

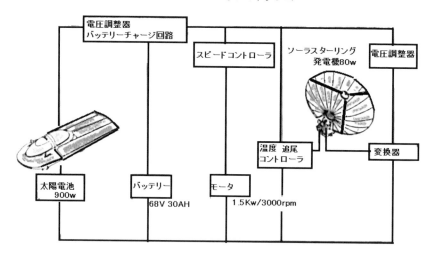

カセグレンタイプの集光器

　ソーラーカーの開発に携わった人たちは総勢12名、うち11名がオーストラリアに行き、レースに参加した（中央赤ネクタイが筆者）。

レースに参加した 11 名（※部名前は仮名で記載）

団長…………百瀬　豊（46 歳）参事補　機械科卒　第二技研第二グループ統括

リーダー……内藤裕喜（32 歳）係長　機械科卒　アントニオ猪木似で温厚な熟
　　　　　　　　　　練技術者

ドライバー…佐藤　耕（26 歳）高専機械　内藤の右腕　小柄だが肝っ玉が太い

ドライバー…石川浩規（27 歳）機械科卒　宇宙ソーラー発電機の設計者　実直

ドライバー…酒井尚正（23 歳）高専電気　電気回りの配線担当　実直

ドライバー…中根慎一（27 歳）高専機械　SE の試験担当　実直　責任感が強
　　　　　　　　　　い

通訳…………森勝　裕（33 歳）係長　ブライトン研究所勤務　小型タービンの
　　　　　　　　　　研究　英語堪能

渉外………※加藤勝次（30 歳）営業企画　やるき満々のファイトマン

整備…………石川寛昭（39 歳）整備士　溶接　機械加工などたたき上げのオッ
　　　　　　　　　　サン

設計…………伊藤滋樹（30 歳）派遣設計士　ソーラーカーのシャシー・ボディ
　　　　　　　　　　設計担当

デザイン…※小此木辰夫（30 歳）係長　車体のデザインを担当　沈着冷静

　10 月初め、本体を藤岡のテストコースに持ち込み走行試験、勾配 3 度の登坂試験および制動試験を実施した。最高速度 50km /h をマークしたが 3 度の登坂路はやっとクリアできる程度。一旦停止すると発進が不能。これではいかん。急遽ミッションなどの最終減速比を 3.46 から 8.4 に変更し、勾配 4 度の登坂路を 20km /h で登るように改善した。

　巡航速度は 40km /h である。3000km は 9 日（81 時間）で走破できる。

　1 位が到着してから 5 日以内に到着すれば、失格せず、順位が獲得できる。多分、トップは 45 ～ 54 時間（5 ～ 6 日）で走行するはず。これで失格せずに完走できるだろう。だが、この考えは甘かったことが、実

際のレースで証明された。

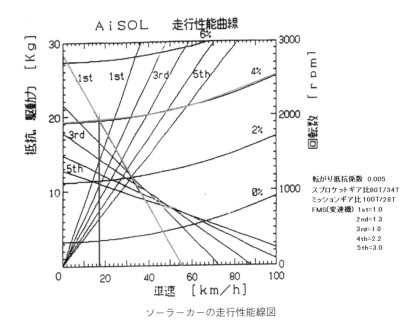

ソーラーカーの走行性能線図

　完成は10月中頃だった。それから本社に持ち込み、会長以下役員に
お披露目した。皆さん満足そうな表情でほっとした。まず、第一段階ク
リアである。

　デザインは当社のデザイン部によるもので、カッコ良かった。副鏡型
集光器（カセグレン・タイプ）の直径0.8mで面積は有効面積は0.5㎡
ソーラースターリング発電機は80Wは見栄えよく運転席後方に設置さ
れ、太陽光を自動追尾する構成である。

　ソーラースターリング発電機の主鏡の製作が一番難しかった。ABS
樹脂で型を作り、銀蒸着するが、蒸着時に熱がかかるため、ABSの繊
維が膨張し、面が荒れる。何度もエポキシ樹脂を重ね塗りして修正し、
銀蒸着し、最終的にガラスコーティングして鏡面を出す。鏡面が荒れて
いると反射が乱れ、焦点での加熱温度が確保できない。

結局、ボディの型費の修正などを含めて全体で6000万円オーバーしたが、加藤専務が「任しとけ」と予算を増額してくれた。しかし、専務との後日談で当時の社長には厳しく言われたそうだ。

　問題は全体重量が重いこと、スターリングエンジン搭載で25kgアップと樹脂ボディの肉厚で80kgアップのためである。もう今から改善するのは日程上難しい。

　移動体にソーラー発電を搭載する上で、太陽光をうまく自動追随できるかという問題もある。オーストラリアの道路はカーブが少なく直線が多いので、多分うまく行くはず。

　更には、オーストラリアの坂道を上れるか心配であった。データ上で最大坂道は勾配3〜4度であり、テストコースでの登坂路4度では、20km／hで登坂できたが、本番ではどうか?

　10月下旬、アイソールはオーストラリアに向け船便で輸送され、当地のアイシン営業所が引き取りとダーウィンの借りガレージへの搬送を行った。

　11月初めに広報部が主体で壮行会が開かれた。46歳の団長の私が一言宣誓した。全11名のクルーが壇上して拍手を受けた。晴れがましいひと時である。

　試合1週間前にオーストラリアのダーウィンに入った。海沿いの町で人口10万の小さな都市であるダーウィンは初夏、亜熱帯の湿度の高い季節である。気温は30℃を超え、湿度は80%を超えている。まるでサウナに入っている感じで、自然と汗が出る。

　最初に赤いランドクルーザーと大人8人が寝泊まりできる大型キャンピングカーの2台をチャーターした。全て左ハンドルである。

　トレーニングの初日、ソーラーカーをガレージから出す時にトラブル発生。スピードコントローラーの故障が見つかる。我々は焦った。至急、日本に連絡を取って渡辺君に部品を持って来るように指示。部品が届く

のは早くて2日後の予定。しかし、実際に渡辺と合流したのは1週間後であり、スタートには間に合わなかった。

リーダーの内藤君は一日中張り付いて、配線のどこをどういじったのか分からないが、どうにか回復修理ができたようだ。彼は、体は大きいが繊細な頭脳の持ち主である。恐る恐る試運転をする。低速であるが、動くことを確認。全員、胸を撫で下ろす。

翌日から少し遠くにトレーニング走行する。本格的な試験は国内でもやる時間がなかったので、びくびくしながらの試験である。大きな犬に追われながら走行する。

試合の2日前に、広い道路上で車両検査と別室で走行上の注意説明とがあった。車両検査は太陽電池面積、バッテリー、モーターなどの仕様がレギュレーションに合致しているかどうかの厳密なチェックであった。また、400mの道路コースで制動試験および最高速試験が行われた。我らのアイソールは、最高速試験は50km/hで18位のポジションであった。スタート順位が18番目ということになる。

レギュレーションでは運転士の基本体重が80kgと定まっており、少ない場合には、差分の錘を搭載しなければならないということであった。ドライバーたちは体重検査を受け、登録する。

また、走行は朝8：00スタート夕方5：00停止で、その間9時間走行し続ける。朝早くと夕方17：00以降は充電タイムとなる。バッテリーの新品との交換は許可が必要となる。毎日検査員がチェックに来るので、違反ができないようになっている。

試合前日、全ソーラーカーの顔見せショーがあった。我がソーラースターリング発電機搭載のアイソールはマスコミの注目を浴びた。車両停止状態では、スターリングエンジンも順調に動いていた。外部から動きが見えるようにサイトグラスが付いている。

メディアからの質問も結構受けた。海外研究所の森君を通訳として随行させていた。流暢に説明していた。私の英語はやたらと日本語が混じる。

ダーウィンは湿気が多く、雨も時々スコールのように激しく降り、短時間で上がる。

　翌朝の試合当日も急な雨があり、1時間遅れのスタートがアナウンスされた。街の沿道にはマスコミや現地の人々が多く見学に来ていた。32台のソーラーカーは最高スピードのポジション順に縦列でスタンバイしている。

　第1ドライバーは佐藤君とした。小柄で度胸があるからだ。我々の伴走車はスタート地点から1kmくらい先で待機している。

　11月11日9時。緊張した雰囲気の中、スタートのテープが切られた。32台が次々にスタートする。我々は直接スタートを見ていないので、不安であった。次から次に数十台のソーラーカーが目の前を通り過ぎて行く。15分経過後にやっとアイソールをキャッチでき一安心。手を振って合図を交わす。ランクルはアイソールの後方50mに付き、伴走開始。ガンバレ佐藤！　颯爽と走る姿に感動する。

　キャサリンまでは緑の木々と町並みがきれいであり、英国風の建物を多く見かける。しかし、湿気と暑さは厳しい。ソーラーカーの運転席には小型の扇風機が付いているが、ドライバーには最悪の環境であろう。

　1日目の夕刻にはキャサリンで一時停止し、ポイントチェックを受ける。不法な横侵入を防止するためだ。多くのギャラリーが詰め掛けており、その中にはトヨタ自動車の調査員や太陽電池メーカーの人が見物に来ていた。一般見物人の熱気も伝わる。

　真っ赤な顔をした佐藤は「暑くてたまんない」と訴えるので、ドライバーを石川に替わって、1時間後にキャサリンを離れた。

　キャンピングカーのメンバーは別行動を取る。キャサリンで食料の買出しに行き、特に、飲料水やパン、ベーコン、野菜やスイカを仕入れる。

キャサリンで一休み

さあ〜出発

キャサリンを出ると緑の多い砂漠で、道は地平線の彼方まで真っ直ぐに伸びている。片側6mで道幅は12mくらいで中央線が入っている。片側線内でソーラーカーの追い越しはギリギリ可能である。景色は殆ど変わらなく続いている。

　1日目は約200kmほど走行できた。
　夕方17：00にソーラーカーを路肩から奥まった所に停車。直ぐに太陽電池を太陽に傾けて充電する。

太陽に向けて傾け、充電

　その間、キャンプの準備。食事はパン食が主。スイカがとにかく旨い。野宿だ。暑いので外に寝袋に入らずに寝る。

寝るぞ!!

　2日目の朝は快晴、6：00起床。写真のように太陽電池を太陽のほう
に向け充電する。一方、パンと野菜でサラダを作り、食事をするが、だ
るさで食欲は皆あまりない。

　相変わらずスイカだけは人気があった。氷を買ってクーラーボックス
で冷やしておく。

　充電後、8：00にスタートする。運転は酒井君が勤める。街はまだ緑
が多く、店もある。空は青いが、相変わらず蒸し暑く爽快ではない。2
〜3台のソーラーカーが追い越していく。昼はドライバーも伴走車もパ
ンをかじり、水を飲み、ひたすら走る。

　2日目の夕方17：00にはデイリーウオーターズの街の近くで停止す
る。走行距離は約300kmで順調。充電するのと監視する2名だけ残して、
あとは近くの簡素なホテルでシャワーを浴びて、休息を取る。

　3日目、運転は佐藤君。デイリーウオーターズ手前の坂道で苦戦。勾
配は4度ということだが、5度近くあったのではないか。真っ直ぐだと

走らないので、片側６ｍの道幅一杯に蛇行運転でクリアしたと運転手は語る。この日の走行距離は約 250km と苦戦。

　長さ２ｍくらいの大きい蛇が出たこともあった。そんな時はランクルの床とか天井にシートを敷いてスシヅメになって寝る。

　朝夕の食事は、主に石川君や営業企画の加藤君が買出しや料理をしてくれる。献立を替えてソーセージとか肉類が多くなる。まずまず旨い。食事時に異常にハエが多く、ネットを顔にかぶって食べるのも辛い。ハエが多いのは、ウサギが沙漠地帯に多くおり、その糞が野っぱらに多く散在しているからだと言われている。

　４日目もソーラーカーは順調。順調な時は 300km 弱走れる。野宿が続く。朝食後に、皆さん思い思いの場所を選んで屈む。野糞をしている。近くにウオーンバットがうずくまり、時々、ダチョウの小型種のエミューやカンガルーを遠くに見ることがある。広々とした大自然はいいね～。

　５日目もソーラーカーは順調。テナントリークで夕方 17：00 を迎える。現地の町長が、アボリジニたちを加えて大勢で役場に全員を招待してくれた。言葉はよく分からないが、マトン料理やバナナなど豊富に出してくれた。彼らは日本人には親しみを感じるとのことであった。オーストラリアが英国の植民地となり、第二次世界大戦で日本軍が英国と戦ったからだという。歴史の闇に生きたアボリジニたちは肌が黒く、体型は私に似てお腹が出ていて親しみを感じる。この日は全員ホテルで宿泊し、汗を落とした。

　６日目もソーラーカーは順調。緑のない赤茶けた土の沙漠地帯をひたすら走った。暑いが湿気はなく過ごしやすい。道の両側は、ところどころ草が生えた沙漠地帯が続く。夜は気温も下がり、野宿も慣れてきた。地べたでなくキャンピングカーやランクルで寝る。我々が一団となって走行していると、路肩にカンガルーの死骸が転がっているのをよく見か

ける。夜間、高速で飛ばす大型トラックに跳ねられたのであろう。こちらのトラックは2〜3台を牽引しており、真っ直ぐな道路を高速で走る。

　7日目の昼過ぎ、アリススプリングで猛烈な砂嵐に襲われる。ランクルは1／3くらいが砂に埋まる。抜け出そうとすると蟻地獄のように埋まる。安全を考えて、他の人はホテルに泊まらせ、私は1人キャンピングカーで泊まり、アイソールの養生をして見張り番をした。ゴ〜という風の音が聞こえ、不安になる。

　このアリススプリングの西450kmのところに赤茶けた1枚岩で有名なエアーズロックがあるが、観光ではないので素通りする。

　8日目、翌朝出発して暫く走行している時に、アイソールのシャーシが右側中央部で破損し、走行不能となった。焦ったね〜。私は針金を求めて町を走り回り、ワイヤー式のハンガーを手に入れた。これでいいや！

折れたシャーシの修理中

修理完了!!

　整備の石川が破断したシャーシに手早く添え木をして、あのワイヤー
で巻き付けて直した。番線といい、ワイヤーを切ることなく巻き上げて
締め付ける。熟練の技。

　一応、走行可能になったが、ソーラースターリング発電機の重量を支
えるには不安がある。ようやくここまで1500kmを8日間かけて走行し
てきたが、ソーラー発電機を降ろすことを決断した。少しでも軽いほう
がいい。

　アイソールは傷を負った状態で走行していたが、トップのソーラーカ
ーが既にアデレードに到着したという情報が入った。巡回検査員からの
情報だ。私は残り1500kmを5日でアデレードに入るのはとても無理と
判断し、競技を断念した。失格は止むを得ない。あとはランクルで牽引
させるしかないと決断した。幸いにも、この日からは巡回検査員の見回
りがなくなっていた。

　我々の前後には全く他のソーラーカーは見えない。完全に置き去りに

された感じである。これまで日本の本社の堀常務の自宅へは毎日状況を報告していたが、私はキャンピングカーの中で意気消沈し、これ以降、本社への報告をしなかった。本社のほうでは"どうなってんだー"と大騒ぎだったらしい。

　この時は、さすがに私はクビになることを覚悟した。責任を取るのは団長の仕事だ‼

　９日目牽引状態で走行。クーパペディに入った。オパールの産地である。いたるところにこんもりした小山があり、人が手掘でオパールの残り物を探している。我々も伴走車を止めて、眼の色を変えてオパールを探すが、欲深い人間がそんな簡単に見つけられるわけがない。

　道の両側には大きなツリーのような赤茶けた蟻塚がとびとびにあり、遠くまで続く。まるでおとぎの国のようだ。あの蟻塚の中はどうなってるんだ？

　時々、竜巻が近くを過ぎていくこともあるが、幸い大きいのには出くわさなかった。牽引されたソーラーカーは、カラカラと音を立てて走り続ける。

　10日目、牽引状態で走行。タークーラを過ぎると、木々の間からピンク色の湖が広がっているのが見えた。塩湖だ。こんな景色は日本では見れない。後に、現地の人に聞いたらハート湖という湖で、水が枯れて塩の結晶がピンク色に輝いているとのこと。

　この頃はドライブを楽しむことだけを考えた。私は団員に指示することもなく、皆自分の役割を卒なくこなす。食料の調達、車両の運転、食事の支度、野宿の準備など。

　11日目、ポートオーガスターを過ぎてアデレード近くに来た時に、ここからソーラースターリング発電で駆動したらという強い意見が営業企画の加藤君からあった。

その後、3日間は牽引を外し、アイソールとしてアデレードに向け自走した。自走し出すとドライバー役でない伊藤、加藤、小此木という団員が、自らドライバーを買って出ることが多くなった。重量調整の錘は載せていない。アデレードに近づくに従い、夜は10〜15℃と寒くなって野宿も辛く、ホテルで寝ることが多くなった。11名の団員でもめることもなく、髭だらけで、真っ黒になってレースを乗り切ったことは素晴らしい。3000kmというと、北海道北端の稚内から沖縄までの距離になる。長い距離だ。

　アデレードの街に入った。100万人都市であり、大きなビルが立ち並ぶ。英国風の歴史を感じさせる建物が多い。アデレードはオーストラリアの南端の都市で海が近く、南極にも近い。

　ようやくアデレードのゴール地点に到着。24位であった。

　順位が与えられたのは光栄であった。我々を含めて、32台中約8台が失格していたのだ。他のソーラーカーは速いものは5〜6日で遅くとも10日以内でゴールしていたようだ。我々は2週間もオーストラリアの大地を走り、大地の匂いを堪能したのだ。

　予想に反し、会場のある広場には数百人の大勢の人が集まっており、我々も歓迎の真ん中にいた。そして、モーストユニーク賞を受賞した。え‼　本当に？

　誤解がないように説明しておくが、公式記録にはアイソールは失格したが、モーストユニーク賞を受賞したとなっている。

　優勝はビール工科大学で、2位にはホンダのドリーム号が入っていた。テナントクリークあたりで、手を振って我々をうれしそうに抜いていった早稲田大学のソーラーカーも上位に入っていた。学生に負けたのは悔しい。

　地図に書いたように、我々は2週間かけて走行してきたのだ。

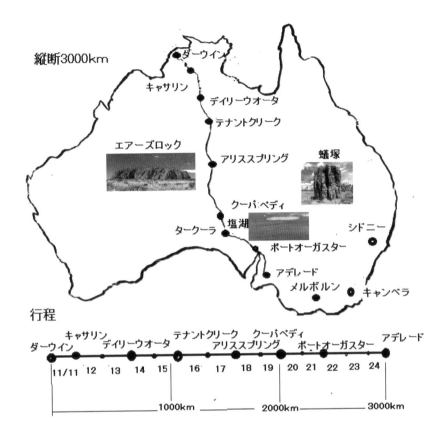

縦断3000km

行程

　その間、自然の中で野宿をし、野糞をし、食事も朝晩2回取り、昼は
走行しながらパクついた。たまにはホテルで宿泊して汗を流すこともあ
ったが、貯水場で水浴びをし、ぶるぶる震えていたこともある。蛇やハ
エの攻撃。砂嵐や竜巻という自然との闘い。ソーラーカーのコントロー
ラの故障やシャーシの破損。苦しいレースであったが、振り返ってみる
と、こんな体験はめったにできるものではない。仲間がいたから、乗り
越えられたのだと思う。

　全員の無事を祝って、アデレードの夕食に鰐の肉を食べに行くことに
した。店の前でアーケードにキャンピングカーの天井をぶつけ、一部を

破損する事故があった。あまり調子に乗るなという警告かな〜。通訳の森君の出番であった。鰐の肉は、正直あまり旨くなかった。オーストラリアの料理は全て量が多く。3人前の量。オムレツでも日本の3倍はある。目で見て料理を味わう日本人には、見ているだけで腹一杯になる。

　オーストラリアのアイシン駐在員や心配した堀常務も来ており、帰りは、シドニーで歓迎会をしてもらった。翌日は遊覧船で遠目にオペラハウスを見学して、夜は公営の賭博場でギャンブルして20万円ぼろ儲けした。しっかり儲けたので、オパールやカメオなど家族への土産を買って帰国した。

　帰国したのは11月末の晩秋、日本は冬の訪れが近い。暑いオーストラリアにいたことがまるで夢のような感じであった。

　アイシンではアイソールの報告会が豊田稔と役員一同で行われ、私が途中牽引したことには触れず、シャーシが破損し、修復して完走し、24位でモーストユニーク賞を獲得したと報告をした。アイシン始まって以来のシャンパンが団員一同に振る舞われた。会長は多分全てお見通しで、何もおっしゃらなかった。私の首も繋がったようだ。

　ソーラーカーのことは新聞にもラジオやテレビでも取り上げられ、3度ほど講演も行い、アイシンの宣伝に貢献した。

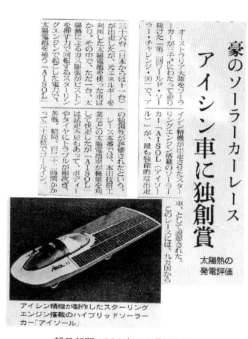

豪のソーラーカーレース
アイシン車に独創賞
太陽熱の発電評価

アイシン精機が製作したスターリングエンジン搭載のハイブリッドソーラーカー「アイソール」

朝日新聞 1990 年 11 月 30 日

料金受取人払郵便

大阪北局
承認

1635

差出有効期間
2025 年 1 月
31日まで
（切手不要）

郵便はがき

553-8790

018

大阪市福島区海老江5-2-2-710

㈱風詠社

愛読者カード係 行

ふりがな お名前			大正 昭和 平成 令和 年生 歳	
ふりがな ご住所	□□□-□□□□			性別 男・女
お電話 番号		ご職業		
E-mail				
書名				
お買上 書店	都道 府県 市区 郡	書店名	書店	
		ご購入日	年 月 日	

本書をお買い求めになった動機は？
1. 書店店頭で見て　2. インターネット書店で見て
3. 知人にすすめられて　4. ホームページを見て
5. 広告、記事（新聞、雑誌、ポスター等）を見て（新聞、雑誌名　　　　）

風詠社の本をお買い求めいただき誠にありがとうございます。
この愛読者カードは小社出版の企画等に役立たせていただきます。

本書についてのご意見、ご感想をお聞かせください。
①内容について
②カバー、タイトル、帯について
弊社、及び弊社刊行物に対するご意見、ご感想をお聞かせください。
最近読んでおもしろかった本やこれから読んでみたい本をお教えください。

ご購読雑誌（複数可）	ご購読新聞
	新聞

ご協力ありがとうございました。

※お客様の個人情報は、小社からの連絡のみに使用します。社外に提供することは一切ありません。

実を言うと、移動するソーラースターリング発電で実際に発電していたのかは不明だった。停止中は発電していたが、走行中パラボラ（集光器）が自動追尾していたのかどうか確認はできていない。私は分かっていた。スターリングエンジンを搭載することに意義があるのだ。チャレンジしたことが、会長には評価されたのだ。

　アイソール1号は半年間、トヨタ博物館に保管・展示された。

トヨタ博物館に展示

　名古屋の実家の人たちや我が家の家族で見学に行った。父親の仕事を見せるのはソーラーボートに続き2度目である。下の写真の後方には自分の家族が写ってる。

　後で聞いたが、子供たちはソーラーボートやソーラーカーのことは殆ど覚えていない。

　この後、アイシン精機の技術本館のロビーに1年ほど展示されていた。

しかしながら、このWSC大会で内藤、佐藤という連中は大きく成長して、後の宮古島ソーラースターリングの設置事業や、刈谷本社へのソーラースターリング設置では、見事に役割を果すことになる。豊田稔会長の思惑通りであった。

1. 沖縄宮古島へのソーラースターリング設置事業

ソーラーボートの頃から宮古島へのソーラー発電の計画が中部通産局から打診された。

トップの方針で参画することが決定し、1990年にスタートする。4年で16億円のプロジェクトである。補助金のため、半分は自社で負担することになる。

沖縄大学との専門委員会が設置された。宮古島に渡り、設置場所などの検討を行う。

8kWソーラースターリング2基と明電舎の亜鉛−臭素電池の組み合わせとなり、地域への電気の供給を行うものであったが、実際は周辺のライトアップ電源として利用された。

沖縄は台風のメッカである。周囲を防風壁で囲う。風速60m/sに耐えられるように設計する。

ソーラースターリング担当はいつもの内藤と佐藤である。2ヶ月、現地に泊まって作業した。

集光器は、久保さんを通じてラジエット社から輸入した。メンブレム方式といって、バキュームで吸い凹面鏡とする量産タイプで、1個が2㎡×16個、全体直径8mのサイズである。

久保さんはジーゼルエンジンメーカーのカミンズ社にいたが、スピンアウトして独立。フリーピストンソーラースターリング事業をアメリカで展開した実業家である。我々スターリングチームとも長い付き合いである。

導入にあたり、私は1人米国のテキサス州アビリーンのラジエット社

に調査に出かけ、久保さんが案内してくれた。ソーラーディシュの技術担当者は、強風が吹いた時などのシミュレーションを、パソコンを使って目の前で披露してくれた。1人で設計・購買・組み付け・試験をこなしている。さすがにアメリカの技術者は凄いのがおると感じたものだ。

ついでに、アルバカーキに集結した多種類の大規模ソーラーシステムを見学して帰国した。当時のアメリカは太陽エネルギーの活用に相当力を入れていたことが覗えた。

我々のソーラースターリングは宮古島の観光の目玉となっていたようだ。宮古島でのトライアスロン大会は有名であるが、その時には、大いに花を添えたようである。

しかし、契約上6年後に解体され、原状に復帰した。この間、地上を這うような落雷に襲われて、配電系統が打撃を受け、大修復を行っているが、他の大きな故障はなかった。

それまでには、オールトヨタのメンバー、スターリング分科会のメンバー、アイシンの役員など、多くの見学があった。私は10回以上、宮古島や沖縄に出張し説明にあたった。

防風壁に囲われたソーラー発電（2基）

ソーラースターリング発電機

　宮古島は日照時間が長いというのが特徴であったが、海洋性の気候は湿度が高く、直達日射量は低いため、太陽熱スターリング発電には不向きな条件であった。発電量も目標 8 kW のところ、実際は 6 kW/max という結果であった。また、防風対策などの設備費が大きく、ペイできないことが実証された。

2. 刈谷にソーラースターリング設置

　1991 年、刈谷本社に技術シンボルとしてソーラースターリング設置の指示が出た。集光器はダグラス社製を買うことにし、加藤専務と 2 人でアメリカに渡った。

　ユナイテッドスターリング社の SE が付いたソーラーディシュスターリングを見学した。深い青空に 14 m の集光器が大きく展開し、スター

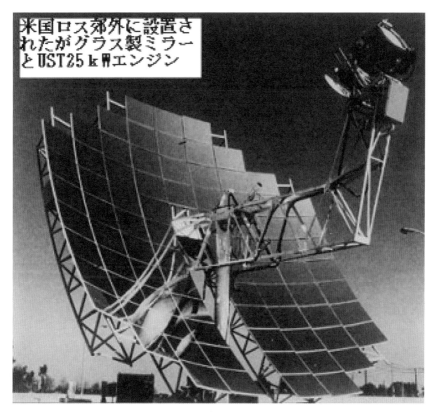

米国ロス郊外に設置されたがグラス製ミラーとUST25kWエンジン

ユナイテッド社のソーラー発電

リングエンジンのレシーバー部が真っ赤になって発電しているのを見て、2人とも唖然とした。開いた口が塞がらない。

　確か1000万円くらいだと思ったが、集光器のみを購入する契約をした。輸入手続きなどで2ヶ月後に刈谷本社に届いた。

　建設工事に入り、当社の4気筒ダブルアクティングのスターリングエンジンを2ヶ月かけて搭載した。目標発電出力は18kWである。全高は17m、アイシンで最も大きい試作機。ソーラーのスターリングエンジンとセラミック製の受光レシーバーは汎用SEチームで仕上げた。また、ラジエータと発電および制御は新設のソーラー発電チーム内藤、佐

藤コンビで仕上げた。多くのトヨタ関連の見学があったが、皆さんアイシン精機の意気込みに驚いていた。

刈谷本社でソーラー発電中

　第二技研報告会はバスの中で説明を行い、大好評であった。会長から「説明がうまいね〜」と褒められた。これから、しっかりソーラースターリングをやれということなのだ。

　刈谷での試験では日射量が夏場でも 0.6kW/㎡ と低く、発電量も最大で 8kW/max しか得られず、目標 18kW には遠くおよばなかった。セラミックの受光部には、黒く焼け焦げた縦線がくっきりと付いている。おそらく、約 1300℃ の温度に達していたであろう。

　2次試作で空冷ラジエータを搭載した。スターリングエンジンのネックは水への放熱量が多く、ラジエータが大きく、そして、重くなること

である。更に、絶えず集光器が風荷重を受けるので、ピボットのスクリューネジに大きな負荷（衝撃）がかかり、1年で破損した。米国製集光器の図面はなく適確に修復できず、その後はあまり運転されていない。

　台風が通過する時には集光器を水平になるよう角度を調整し、風を受けにくいようにしてはあるが、強風時には直径14mの傘のような集光器が軋みながら大きくゆらゆら揺れるのが監視小屋の中から見える。刈谷へ台風が来た時には、私は怯えていた。

　刈谷地区はそれまで30m/sの風速の台風しか来ていなかったが、40m/sが来たら強風で吹き飛ばされるに違いない。近くの新幹線の架線域に、それが落ちるかも知れない。こんな恐ろしいものは二度と作りたくない。台風のメッカで高湿度の海洋国日本では商品化は難しいと、正直実感した。

3. 1993年、第3回ワールド・ソーラー・チャレンジへの再挑戦

　1992年に、次の第3回ワールド・ソーラー・チャレンジ（WSR）に出場するよう会長から指示があった。WSRは3年ごとに開催される。

　アイソールⅡ号のスターリングエンジンは、ソーラーの集光器をこれまでのパラボラ型から、放物鏡とフレネルレンズに変更することにした。太陽光線がSEに平行に入射しないで多少ズレても焦点を結ぶため、移動体での発電には適していると判断したからである。SEの発電出力80Wは維持し、変換効率は25％と改善。勿論、太陽光自動追尾装置付きである。

　そして、先回のネックであった樹脂ボディの軽量化は310 → 140kgと大幅に改善。また、先回破損したシャーシの強度アップも図った。

AISOL II号 ソーラーエンジン

　しかし、思わぬ事態が起った。1992 年、夏の終わり頃であった。我らが尊敬する会長、豊田稔が心臓の病で突然亡くなられたのだ。

　私は脱力感に襲われた。これで新生アイシン精機は終わったと感じると同時に、ある意味、救われたという気持ちであった。自動車用スターリングエンジン、SE ヒートポンプおよび SE コージェネ、宇宙用ソーラースターリング発電機およびソーラー SE 発電機の開発に行き詰まりを感じていたからである。実用化へのハードルがあまりにも高いことが分ってきていたのだ。

　私は、勇気を持って上層部に第３回 WSC への参加を断った。上層部もこれを受け入れてくれて、能登知里が浜でのソーラーカーラリー in 能登にのみ参加するということになった。その後、我々のソーラーカーのチームは解散した。

4. SE 最後の挑戦

　私は、もっと安価で軽量で高出力なスターリングエンジンを開発する必要性を感じ、技研トップの加藤専務に願い出て、アドバンスドエンジンの開発に着手した。

　このため、渡辺チームに15名の人員を充て、真剣な検討とシミュレーションを全員で行い、6ヶ月かけて次の結論に達した。

　内燃機関のシリンダー・ブロックとクランクなどの駆動機構を流用し、熱交換器は内燃機関のバルブおよびカムシャフトに置き換え、空気予熱器を廃止した燃焼部ということで、内燃機関と同等の構造にする。また、これまでの低速・高トルクエンジンから内燃機関のように高速・低トルクエンジンとするという目標のもと、設計・試作に入る。

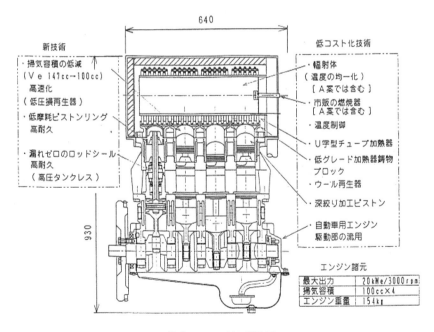

最大出力	20kWe/3000rpm
掃気容積	100cc×4
エンジン重量	154kg

アドバンスエンジン構造図

一番難しいのは、空気予熱器をなくした燃焼器の設計である。空気予熱器は排気ガス熱を回収し、燃焼用空気を昇温させて効率を高め、出力を倍増する熱交換器だが、熱耐久性・コスト・重量アップの元凶となっている部品なのだ。

　担当は山口進。防大を卒業後、アイシンのパリ研究所から我がチームに配属された、数学と燃焼シミュレーションが得意な天才だが、さすがに高効率の対流・輻射型燃焼器開発には最後まで手こずり、結局、目標値に達することはできなかった。

　豊田稔会長が亡くなられてから2年ほど経って、会社の体制はがらりと変わった。これまで第一技研と第二技研を統括されていた会長の腹心である加藤副社長がアイシン高岡の社長として出られ、第二技研が解体されたのだ。

　第二技研の我々を含めた半数の約70名は第一技研に編入され、第二開発部となり、スターリングエンジンや磁気浮上用冷凍機などの仕事は若干縮小され、残った。私はスターリングエンジンの担当から外されて第二開発部の企画担当になり、2年後に4代目の第二開発部長となった。

　この時期、1994年にアメリカのDOEから25kWソーラースターリングエンジンのオファーがあった。設置はアリゾナのフェニックスである。直径17mの集光器は米国製で、スターリングエンジンは元第二グループの渡辺課長が率いる汎用SEチームの斜板式4気筒30kWエンジンを用いた。ただし、高温熱交換器には溶融塩（金属ナトリウム）ヒートパイプ構造として、均一加熱による高効率を狙うというものであった。金属ナトリウムは水と接触すると爆発する危険物質であるが、過去に使用した経験があったので問題なくセットされ、米国アリゾナにソーラースターリングを設置した。

　しかしながら、1996年に突然、DOEプロジェクトの中止が伝えられた。理由は、この時代の太陽光発電に対する優位性がないという判断であった。私も、これまでの経験上、ソーラースターリング発電機はこれ

で終わったと認識した。

　1996年、末刈谷本社のシンボルのソーラースターリングも解体され、跡地はきれいな芝生に戻った。「夏草や兵どもが夢の跡」。我々のスターリングエンジン開発は静かに幕を引いたのである。

DOE（米国エネルギー省）ソーラースターリング発電機

　20年間、宇宙用ソーラースターリング発電、ソーラーボート、ソーラーカー。ソーラースターリング発電に魅せられ、憧れ、チャレンジできたのは、技術屋として幸せであった。そして、会社にも技術者たちにも大きな夢と希望を与えてくださったアイシン精機の豊田稔は、偉大なオーナーであり経営者であった。

　私は期待に応えることができなかったことが、大いに心残りであった。渡辺もきっと同じ思いであっただろう。彼はこの後、イギリスのアイシ

ン・ブライトン研究所の所長として5年間赴任した。アイシン精機を定年退職後、イギリスに渡り、ブライトン研究所のターナ教授と共同で自分の会社を設立した。仕事は5kWソーラースターリング発電機の開発である。大手石油会社の出資金を得て、アブダビに設置するというプロジェクトを勝ち取った。集光器はラジエット社のあの久保さんが担当した。

　5年間ほど開発をしていたが、最終仕様を満足できずに帰国して、自費で1kWSEの開発に取り組む。2年ほどで1kW斜板式4気筒SEの開発に成功して、再度、アブダビにアプローチしたが受け入れられず、現在は新たなパートナーを探して活動している。私の元部下で先生でもあった渡辺は熱血漢で、スターリングエンジンに惚れ込み2023年現在でも開発を続けており、その姿には頭が下がる。引退した私も、陰ながら彼を応援している。

5. その後のアイシン精機

　豊田稔さんが亡くなられて3年後の1995年、豊田幹司郎がアイシン精機社長に就任した。トヨタ自動車の5代目社長の豊田英二の長男である。この後、会長職も含め長期に渡り、豊田幹司郎体制が続く。

　旧第二技研の役職にあったマネージャーたちは前会長の子分ということで、しっぺ返しを受け、私も、予算や企画会議で結構辛い目に遭った。毎週月曜日の部門長朝礼会議も憂鬱であった。

　経営方針も自動車部品開発部隊が中心となり、経営方針も自動車中心となった。経営ツールとしてTQC（トータル品質管理）、TPM（トータル予防保全）、ISO認証、全社監査およびトヨタかんばん方式というのが導入された。より管理的な会社になった。

　工場は増産体制にある中で、管理職は書類作りに追われた。これ以降、新製品は全く出ない会社に変貌した。

　この時期、ブレーキ部品を製造する刈谷工場が火災で全壊した。トヨ

タ自動車から多くの応援部隊が8階建ての事務本館を占有し、緊急対策が講じられ、約1年続く。

　我々アイシンの管理職は夜勤で実験室や工場の火の用心をしたり、整理・整頓やチェックリストおよびマニュアル作りに従事していた。こうした状態で会社の経営は悪化し、早期退職者優遇制度が設けられた。この時、アイシン精機は夢もイノベーションもない会社に転落しており、近い将来トヨタ自動車に吸収されるんだろうなあ〜という感じを強く受けた。

　私は56歳でこの早期退職者制度を利用して、退職を願い出た。1年の年収分が貰えたので、これを資本金に2000年12月に百瀬機械設計㈱を立ち上げた。20年間を通じ、ANSYSによる解析業務や試験装置の製作の本業に加え、ライフワークのスターリングエンジンの商品化に打ち込むことになる。

　アイシン精機を退社する際、技研のトップである水野副社長に挨拶に行き、「私が担当した全てのSEプロジェクトは全て失敗しましたが、優秀な技術者たちが多く育ちました」と報告すると、その人たちの名前を聞かれたので、リストを渡した。

　副社長は「良い意味でお前ほど金を使えた者はいなかった」と言われた。そういえば、人件費も入れると200億円くらい使ったかなあ〜。

　その後、私が会社を立ち上げたばかりの苦しい時期に、裏で解析業務の仕事を回してくださった。

6. その後アイシンのWSCは？

　1996年、このような状況の中、この第一技研主導で第4回WSCに参加することになったのだが、我々の元ソーラーカーチームの意見は、完全に無視された。当然、スターリングエンジンを搭載する気は全くない。競技に勝つことだけが要求されたようだ。

　成績は総合3位であった。アイソールⅢ号のソーラーカーの仕様詳細

は公表されていないし、プレスなどでも公開されていない。

アイソールⅢ号（アイシンのテレホンカードより）

　その後、現在もWSCは続いて行われているが、単なる着順や最高速度、平均巡航速度を競うレースとなっているようである。ちなみに、アイシン精機はその後、参加していない。

7. ホンダのソーラーカー

　ホンダは第1回WSCから参加しており、第2回目は我々もホンダチームと挨拶を交わしたが、白いユニホーム姿でチーム一丸となってテキパキと行動しており、意気込みの違いを感じた。整備車両や伴走する車両も数台あり、ドリーム号もかっこいい。成績は3000kmを1週間で走行し、ビール工科大学についで2位であった。

　ホンダはこの当時、電気自動車に興味があり、東京電気大学から電気自動車を借りて、その実用性を調査していたようだ。当時の電気自動車は実用性の面でまだ程遠い存在であったが、太陽エネルギーだけで走行するソーラーカーには乗り物としての魅力を感じて、レースに参加したようだ。電気自動車に必要なDCモーター、それもホイールモーターや

バッテリーの開発も促進されると踏んでいたのではないか？

　DC ブラシレスモーターも当初はセイコーエプソンを搭載していたが、最終的には内製のホイールモーターを開発し、搭載している。ホンダは、この頃からソーラーカーのみならず F 1 レース、ダカール・ラリー、ル・マン 24 時間レースにも参加している。また、小型ジェット飛行機の商品化など、挑戦的な会社である。見事に本田宗一郎の精神を受け継いでいる。

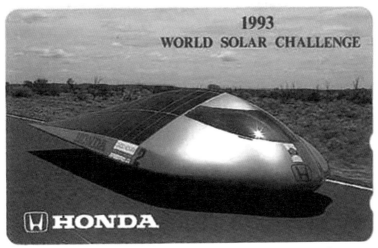

ホンダドリーム号（1993 WSC 優勝記念テレホンカードより）

　1990 年の WSC で、私はトヨタ自動車の調査団と会ったが、参加は 1993 年 WSC からの予定とのことであった。成績は 1 位がホンダドリーム号で、6 位に甘んじたようだ。1 位のホンダドリーム号の所要時間は 35 時間 28 分であったが、トヨタは 46 時間 34 分であった。

　トヨタはカー・レースに優勝するということよりも、自動車補機動力利用とか住宅用ソーラー発電に興味があったのではないか。ヘリコプターのような危険を伴う開発は、途中でドロップしている。当時のトヨタはチャレンジする会社ではなかった。

　自動車のエンジン性能は、ホンダや日産が上であった。私はいろいろ

な車に乗ったが、トヨタのエンジンは正直弱かった。トヨタが優れているのは生産技術力であり、その点では群を抜いている。生産技術力とは、ロボット化された組み付けラインだけでなく、専用の工作機械のライン、塗装設備、検査設備、排水処理などの他に、現場の改善・AE・QC教育全てを含む総合技術で他社を上回っていた。

ともあれ、2023年現在、太陽電池のはほぼ100％が中国製に置き換わり、あれほどやっきになって開発した日本の太陽電池産業は見る影なく消滅したのはどうしてか？

多分、シャープや三洋の経営が悪化しており、太陽電池の技術が中国に流出したのではないのか。特に、シリコン単結晶は結晶を高温ルツボの中で長時間かけて成長させるのに多くの電力が必要であった。

中国は石炭火力発電の安価な電力が豊富にあったため、一気に量産化できるようになったが、日本では、2011年の東日本大震災で全国の原子力発電が停止し、電力不足の状態に陥った。電力料金は高騰し、太陽電池の量産化ができないようになったのが、中国に負ける要因になったのではないか。10年ほど前から地球温暖化や電力不足に対応するためのメガソーラー建設が進んでいるが、全て中国製である。

現在は、地球温暖化でCO_2が悪者にされている。極僅か$0.03 \sim 0.04$％しかないCO_2では温室効果がなく、温暖化に至らないのは明白。逆に、脱炭素政策でCO_2が減り、0.01％になると植物や野菜や果物は枯れ、人類や動物の酸素がなくなり、滅亡する。

日本の発電所は安い石炭火力発電を潰して、高いLNG火力発電に切り替えたり、割高な再生可能エネルギー発電へ移行したり、自動車を電動化しようとしている。電力の需要が高まり、高騰した電力は益々不足していく。結果、国内の産業は太陽電池と同じ運命を辿り、衰退する。

私は著書『日本が生き残るには』（風詠社）の中で、温暖化や異常気象の真の原因について言及しており、その上で日本が生き残るにはどうすべきかを提案している。

8. 今のアイシン

　2021 年、アイシン精機と豊田稔会長が生んだアイシン AW が経営統合され、㈱アイシンという巨大企業になった。

　2023 年現在、アイシングループの売上は 4 兆 5 千億円、従業員は 11.7 万人に上る。前会長の豊田幹司郎は相談役に退き、代表取締役社長はトヨタ自動車の出身の人が就任した。

　アイシン精機は、10 年ほど前からトヨタ自動車出身の社長が既に入っていた。アイシンは無血開城で実質的にトヨタ自動車に飲み込まれたのだ。亡き豊田稔会長がこのことを知られたら、大いに嘆かれただろう。

　アイシンだけではない。2000 年代になり、日本の殆どの大企業はサラリーマン社長となった。真の経営者不在で真の技術屋も育たず、技術立国日本はもはや存在しなくなっているのではないか。

第3章

スターリングエンジンは私のライフワーク

　2000年に自身の会社を興してから数年は、熱・流れ解析の業務や超音波探査装置（三菱重工）、ケミカルガスタービン（名古屋大学）、燃料電池の圧縮クリープ（トヨタ自動車）などの試験装置の製作していた。

　更に、新製品のミキシング・ガンや自動ミキシング装置の開発・販売の仕事をしていたが、2004年頃からスターリングエンジンへの強い思いが再燃した。初期のSE開発は失敗だらけで、多くの人に迷惑をかけた。この場を借りて、お礼とお詫びを申し上げたい。

　結局、スターリングエンジンは未だ世界で実用化されておらず、「夢のエンジン」のままで終わっている。何とか自分の手でスターリングエンジンを完成させたいという野望が出てきたのだ。やっと2008年頃から目標が定まって、本格的に開発に乗り出す。

　スターリングエンジンはガソリンエンジン、ガスエンジン、太陽電池には比出力、応答性、価格、信頼性で劣って負けてきた。要するに、構造は簡単で、安価に、重量は軽く、高速高出力とし、作動ガスの完全密閉を達成できなければ、実用化は為しえない。

　これは、アイシン精機で私が20年に渡り、開発してきた様々なスターリングエンジンの開発の中から得た貴重な教訓である。

私のこだわりのスターリングエンジンはこれだ！

　エンジン形式は β 型（ディスプレーサ型）、DP（ディスプレーサ）と
CP（パワーピストン）の最適位相角は 60 度で軸方向がオーバラップし
ている。DP が CP に対して 60 度先行するとエンジンになる。

　DP シャフトは 15.5mm オフセットし、クランク構造を単純化している。

　簧巻き再生器とフィン型高低温熱交で流動損失と死容積を最小限に抑
え、作動ガス圧力が低くても高速運転を可能としている。

　発電機内臓密閉型とした。スタートはモーターで、エンジン自立後は
発電機となる。これで、外部シールは O リングのみで He ガスの洩れは
殆んどなくなる。

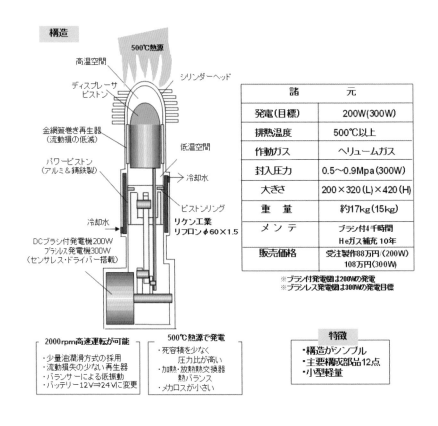

構造

500℃熱源

高温空間
シリンダーヘッド
ディスプレーサ
ピストン

金網簀巻き再生器
（流動損の低減）

低温空間

パワーピストン
（アルミ＆鋳鉄製）

冷却水

冷却水

ピストンリング
リケン工業
リブロン φ60×1.5

DCブラシ付発電機200W
ブラシレス発電機300W
（センサレス・ドライバー搭載）

諸	元
発電(目標)	200W(300W)
排熱温度	500℃以上
作動ガス	ヘリュームガス
封入圧力	0.5〜0.9Mpa(300W)
大きさ	200×320(L)×420(H)
重　量	約17kg(15kg)
メンテ	ブラシ付4千時間 Heガス補充10年
販売価格	受注製作88万円/(200W) 108万円(300W)

※ブラシ付発電器は200Wの発電
※ブラシレス発電器は300Wの発電目標

2000rpm高速運転が可能
・少量油潤滑方式の採用
・流動損失の少ない再生器
・バランサーによる低振動
・バッテリー12V⇒24Vに変更

500℃熱源で発電
・死容積を少なく
　圧力比が高い
・加熱・放熱熱交換器
　熱バランス
・メカロスが小さい

特徴
・構造がシンプル
・主要構成部品12点
・小型軽量

1. スターリングエンジン開発の苦労話

　2008年に私の友人の古谷氏を通じて、三五㈱との共同開発がスタートした。2年契約だ。彼の協力には、今でも感謝している。

　古谷氏は九州大学を卒業後、東芝から黒田電機に養子に入り、一子をもうけ、将来の社長候補であった。お家騒動に巻き込まれ、家から追い出されるが、建設作業員をやりながら食い繋ぎ、40歳を越えて三五に就職が決まり、同時に結婚する。

　当時は三五の顧問をやり、信州の片田舎で農業も手がけている。幅広い人脈を持ち、三五の恒川社長（現在は退任）との折り合いも良く、顔

が利いた。

　三五との共同開発にあたって実質1500万円が準備され、2人の若い技術者が就いた。勉強のため試験治具や電気炉試験装置は自分たちで製作させた。

　スターリングエンジンのボア径はφ60、再生器はステンレスの金網これまでのディスプレーサ巻きから簀巻形に変更し、シリンダー内面側にセットする。冷却器は壁に銅管を巻き付ける方式からウォータージャケット方式に変更し、加熱器はステンレス製とし、同じフィン形で大型化した。

　発電機はユニテックの200W/1500rpmを使用し、ビルトインした。発電効率は低く、80% maxであった。エンジン重量は17kg以下とし、1人で持てる限度である。

　ピストンはオール鋳鉄で、ピストンリングは幅1.5でステップカットリング、インナーリング、バネの3層構造でリケン製。用途は廃熱回収発電である。

　これ以降、エンジン形式と目標は全く変えていない。

ウォータージャケット型SE

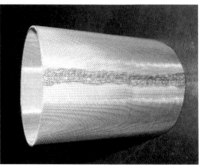

シリンダー内面に再生器　　　　　　　　SUS 簧巻形再生器

　2008 年に最初、試作したエンジンは、やっと動く程度であった。原因はシリンダー部の溶接の歪みと加工によるもので、加工工程の改善を外注メーカーのミノモ計販と進める。このメーカーとは付き合いが長く、信頼のおける仕事仲間であり、飲み友でもある。

　シリンダーは壁の熱貫通をスムーズにし、軸方向のヒートリーク抑止のため極薄肉円筒である。チャキングして内面加工後に外すと、内径がリバウンドして歪みを生じる。そして、このシリンダーの歪みは、ピストンの焼き付きやメカロスの増大を招く。

　ウォータージャケットを勘合したままヘッドとシリンダーを溶接した後、共加工し、シリンダーの精度を確保するのに半年かかった。

　出力が 40W 程度までは上がるようになったが、作動ガス圧力を高くして運転するとピストンに焼き付き傾向が出る。

　基本的にピストンは無潤滑とし、初期なじみのため粘度の低いミシン油を塗布していたが、新しく、日本電子で開発された耐焼付け DLC 加工をピストンとシリンダーに施してみると若干の効果があった。しかしながら、DLC は非常に高価であるため、コストプッシュする要因の 1 つにもなった。

ピストンの DLC（ダイアモンド・ライク加工）　　　　　シリンダー内部の DLC

　出力は作動ガス圧力 0.2Mpa で、80W まで瞬間的に出るようになった
が持続しない。しばらくは、エンジンが悪いのではなく試験装置のヒー
タの容量不足だと思っていた。

　その後、三五との 2 年間の共同開発が、方針の違いで終了した。彼ら
は性能向上のみを追求するあまり、ヘッド材料を銅にしたり、構造を複
雑にしていった。

2. 2009 年度の物作りの補助金を貰うことにした

　ボディのアルミ引き抜き加工、シリンダーのプレスフィン、モーター
ケースのプレス化、ディスプレーサの深絞り加工、組み付け治具、そし
て、試験評価設備も整った。約 500 万円の投資であった。

　　　プレスフィンヘッド　　　　　　　引き抜きアルミボディ

モーターケースのプレス化　　　　　　深絞り DP

　この資金でブラシレスの 300W 発電機とモータードライバーの開発も
新たに行うことができた。このモータードライバーの開発は、東芝出身
の得丸さんにお願いした。300W 発電機は、ブラシ付き 200W と同じユ
ニテック製である。

　当時は性能的な進展はなかったものの、ディスプレーサが肉厚 0.4mm
のステンレス深絞り加工でかなり軽量化でき、高速化の第一歩が踏み出
せたことは大きい。

　後で分かったことだが、このメーカーは品川の北嶋絞製作所で、テレ
ビによく紹介された著名な会社である。

　それまで総削りで加工していたシリンダーを、プレス・フインロー付
けタイプにした。性能はあまり変わらなかったが、かなりのコストダウ
ンに繋がった。

3. 20 台の量産化挑戦は失敗に終わる

　2010 年当時、営業をしていたプロマテリアル社が、20 台の大口注文
を取ってきた。

　この会社の社長である斉藤さんは、リクルート出身で体育系の凄腕営
業マンである。京セラのセラミック焼成炉や炉メーカーの正英製作所、

若狭湾エネルギー研究センターの太陽熱発電など、数多くのユーザーを探してきた。

　性能・耐久の不安はあったが、チャンスだ。販売価格 200 万円／台（実際は 100 万円で販売、100 万円赤字覚悟）でロット生産を開始した。これは、大変なリスクであった。

20 台の量産型エンジン組み付け

　悪いことに、不安は的中してしまう。

　ピストンの焼き付きが、次から次へと客先で発生したのだ。修理しても追い付かない。

　直接の焼き付きの原因は、DP（ディスプレーサ）の中に残ったネジ加工時のバリが運転中にディスプレーサシャフトの穴から飛び出し、ピストンに噛み込むというものであった。

　そこで、暫定的に DP シャフトの貫通穴に金網を入れ、剥がれたバリが外部に飛び出ないような対策を行った。

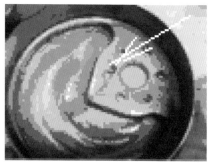

ピストンの焼き付き　　　　　　　　　カット DP 内のバリ

　ところが、ピストンには焼き付き防止の DLC 加工が施されていたものの、効果は低かった。おそらく、無潤滑であること自体に問題があったのだろう。

4. 2011 年、プロパン燃料のスターリングエンジンを開発

　日本スターリングエンジン普及協会の会議で知り合った松本テクニコ㈱の会長に、共同開発を提案された。松本テクニコは名古屋に本社があるガスエンジンなどのメンテをする中堅の会社で、会長は歌舞伎や相撲が好きな洒落たお方である。

　とりあえず、ピストンの焼き付き問題を解消する必要があった。簀巻の再生器を使ったシンプル構造のままで、再生器材料をステンレスから真鍮に変えて、DP を積極的に軸受する構造とした。

　そして、この再生器は脱着交換可能とした。更に、エンジンオイルを使用。結果、DLC 加工の廃止が可能となった。

　この改善により、耐久性も少し改善され、コストも DLC の 3 万円ほど削減できた。

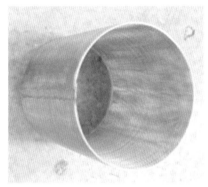

５重巻き真鍮の再生器　　　　　　　　　エンジンオイルの使用

　この時期に三五との情報連絡会が開かれ、その場で思いがけない情報がもたらされた。パワーピストンをショートストロークにしたら、性能が上がった。しかも振動が小さくなり、ピストンも焼き付かないというのだ。

　早速、D35－C20、D35－C26、D26－C20と矢継ぎ早にショートストロークに変えた。

　素晴らしい。なぜ、このことに気が付かなかったのか？

　これまでのシミュレーション上では、全く掴めないことであった。ショートストロークで１サイクルあたりの仕事が減る分、作動圧力を上げることができる。その分、シリンダー内側の熱伝達が作動ガス圧力に比例して促進できる。これで、管壁内外の熱伝達のバランスが取れるのだ。そうなれば、より多くの入熱と放熱が可能となる。

　そして、作動ガス圧力が高くなることでエンジン出力が増すのだ。これまでの作動ガス圧力の限度0.2Mpaから、最大0.9Mpaまで出力を引っ張ることが可能となった。

　松本エンジンは横置きでプロパンガス燃焼とした。そのため、ヘッド温度が高くでき、140Wの出力が得られるようになった。なお、空気予熱器は付いていない。

車載型プロパン燃焼 SE

ショートストロームクランク

DP26-CP20 機構

車載型 SE は、しばらくは、宣伝用に使用された。信州や堺市でデモを行ったが、反響は少なかった。プロパン燃焼発電ではあまりインパクトがなかったからだ。

5. カーボンニュートラル燃料

カーボンニュートラル燃料（ペレットとかの木質系）にしたらと思いついた。木質系燃料に関しては、市場調査の面で日本スターリングエンジン普及協会の協力を受け、そのメンバーであるケーエスケーと松本テクニコがメインカンパニーとなって、NEDO に応募した。

弊社は規模が小さく除外された。ケーエスケーは、これまで付き合った会社の中で最も信頼できる会社であり、社長の楠さんは私の人生の友である。

2012 年、NEDO 革新プロジェクト 2 年計画がスタートした。「農業ハウス温風発電の開発」で、初年度は約 1000 万円の予算が付いた。燃料はペレットで木材を破砕し、筒状に圧縮成型したものである。ペレットは自動供給が可能で人手がかからず、発熱量も 4500 ～ 5000kcal/kg と安定している。

燃料ペレットでのスターリングエンジン発電の目標は、200W である。

スターリングエンジンは、更にショートストロークの D20—C20 とした。フライホイールの側面にウエイトを付けて、ピストンと DP の軸方向慣性力をキャンセルする構造とし、ピストンもオール鋳鉄からアルミボディで外周鋳鉄ライナーとし、軽量化した。

結果、振動がかなり減少して、高速運転も可能になった。これは大きな成果であった。2000 回転以上でも楽に回る。2400rpm まで伸ばせば、300W の発電出力となるはずだ。

回転を上げて出力を上げるのは、内燃機関と同じである。今まで、常時、高速運転できるスターリングエンジンはなかった。熱交換器類の流動損失が高速になると、2 乗に比例して大きくなり、出力がお辞儀する

からだ。

　また、シリンダーヘッドは、熱伝導率の良いアルミ青銅とし、シリンダー内面の受熱と放熱面にネジフィンを形成して伝熱面積の倍増を図ったことで、性能が向上した。

アルミ青銅ヘッド　　　　　　　　　シリンダー内面のネジフィン

アルミ・鉄ピストン　　　　　　オイル溜め　　　　　　アルミ DPS

3.エンジン性能解析

Mo2SE,Mo3SE
エンジン性能

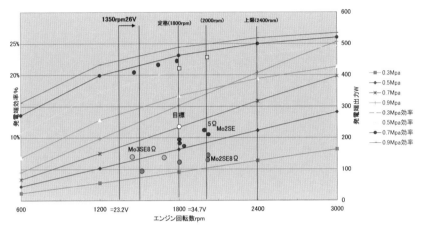

SE エンジン性能シミュレーション結果と実績値

　1年目の成果として、ベンチ発電出力216Wをマークした。また、温風器では排気ブロアーで強制対流とし、発電出力202W、発電効率20%が計測され、目標をクリアした。更に、これまでの総合的な工法の改善により、エンジン単体の販売価格は、これまでの200万円から88万円へと大幅に下げることが可能になったのである。

温風器にエンジン搭載

農業用温風器

このプロジェクトで、松本テクニコの村瀬さんと中嶋さんには、大変お世話になった。明星大学の濱口先生と斎藤先生にも、各種類のペレット燃焼で連続600時間の実績が付いたと、MO2SEの性能と耐久性を評価してもらった。

濱口先生とはムーンライト計画以来の付き合いだが、SE再生器解析の大家である。温厚な方で、長年親しい付き合いが続いている。

このNEDOのプロジェクトは1年目が成功裏に終わり、2年目に進むことが決まっていたが、松本テクニコの脱会でドロップせざるをえなかった。5000万円の夢が終わったが、これ以上ケーエスケーに迷惑をかけたくなかったので、これで逆に良かったと思っている。

しかしながら、ここまで来るのに、どれくらいたくさんの人の力を借り、多くの迷惑をかけたことだろう。女房にも大いに苦労をかけてしまった。

それでも、ホンダ（2台)、中央精機、大同特殊さんなど10社以上の企業に、この最新のスターリングエンジン単体と制御装置を納品できたのはうれしいかぎりである。

この後、スターリングエンジンの開発は、ロケットストーブ発電へと繋がっていくことになる。

第 4 章

ロケットストーブ発電開発の道のり（2013～2017年春）

　ロケットストーブ発電開発の道のりについて語るにあたり、石川寛昭という気の良いおっさんに触れておきたい。

　2012年の春のこと。彼はタケノコを持って、突然、我が家にやって来た。石川は、アイシン時代にワールドソーラーカーチャレンジで一緒にオーストリアに行った仲間である。彼がいると、場が賑やかになる。口は汚く、やたら屁をこくが、いいやつである。私の仕事を手伝いたいと掛け合いに来たのだ。

　出来高払いで、毎日、午後から半日、来てもらうことになった。

　この頃（2012年）、信州上田での補助事業が始まっていた。この事業は、日本スターリングエンジン普及協会の鶴野理事長と清水さんの努力によるものだ。鶴野先生は、防大で伝熱と熱力学を専門としていた穏やかな先生である。

　共同事業者のジェー・ピー・イーの工藤社長はなかなかのやり手で、信頼のおける人だ。従業員は30名で、これ以上の人数にはしないという。機動力がなくなるからだそうだ。

　設備は、レーザー溶接、放電、NC旋盤、マシニングと、全て揃えている。生産技術力も蓄積しており、後日、再生器とディスプレーサ（DP）の加工・溶接を依頼している。

　このDPのレーザー溶接0.5mm幅のビードは、きれいな仕上がりで歪みも全くない。素晴らしい出来映えである。

　2012年、このメーカーと信州カラマツストーブの清水さんとともに、SE発電機の開発をスタートした。

　組合の清水さんが供給した唐松ストーブは形がダックスフンドに似て

いて、エンジンの取り付けが容易である。しかも火力が強力ということで、選考されたものだ。

　この上田の最初のエンジンは空冷式冷却器だ。コンパクトにまとまる狙いがあった。

　多くのアルミのフィンをシリンダー冷却部の溝に打ち込み、ファンで冷却する構造だ。

唐松ストーブ発電機

空冷冷却器エンジン

　しかし、空冷ファンやフィンを増強しても、オーバーヒートする問題は解消できなかった。これまで述べたように、SE は冷却器への放熱量が多いのだ。仕方なく、元の水冷式冷却器（ウォータージャケット＆ラジエータ方式）に戻した。水冷の能力は抜群である。

　更に、アルミ青銅のシリンダーヘッドトップの溶接部で割れるという問題が発生した。アルミ青銅は溶接部が高温割れを起こしやすいということが判明したため、ヘッドトップの溶接を廃止し、より低温のヘッドの首部での溶接に変更した。

　2013 年 4 月、上田の産業展で 2 日間、デモ運転を実施して無事完了。

その後も、更に改善を行う。

　電動機軸は熱膨張を吸収するためのギャップを有し、ウェーブワッシャーで押圧する構造となっている。そのウェーブワッシャーを２枚から４枚に増やし、モーター軸の動きを規制することで、エンジン音は静粛となり、出力変動もかなり改善されてきた。

　こうしたエンジンの地に着いた改良が進んだ。石川の貢献度は高い。

ヘッドフィン付き水冷エンジン

上田市の 2013 産業展に出展

　しかし、唐松ストーブでは発電出力があまり上がらないことが判明した。空気予熱器がなく、その上、木質系やバイオマス燃料では燃焼温度が低く、メラメラした燃焼ガスの流れでは、条件の良いベンチ炉での定格発電出力の 20 ～ 30% まで低下してしまう。

　そこでジェー・ピー・イーの製作した二次空気式ガス化燃焼ストーブに変更した。燃焼温度が上がり 800℃ までになる。結果 150W の発電出力が得られるようになった。

　ジェー・ピー・イーはこの後、自らエンジンも改造し、軽井沢で耐久性の評価をしている。かなり良い結果だったと報告があった。上田市へ

の売り込みも独自に行っていたが、価格が高すぎて失敗に終わったそうだ。250万円の機器代と100万円の取り付け費の合計350万円では客がつかないとのことであった。特に、ガス化燃焼ストーブ自体がコストプッシュの第一要因となっている。

1. ロケットストーブとの出会い

2013年暮れに、高山市のNPO法人「活エネルギーアカデミー」の山崎さんが、突然、当社に来た。

彼の行動力は凄い。ストーブ発電を高山市に売りたいとの申し込みがあった。情熱的である。私は、彼に、引っ張られるかたちで正月早々、仕事を開始した。

最初は、茂木の防災ストーブを持ち込んできた。石川と櫓を作って、エンジンを載せた。何度かトライしてもよく燃えているが、発電出力は50～60Wしか出ない。

茂木の防災ストーブでの試験

スウェーデン製ストーブでの試験

この結果は、スウェーデンのストーブや唐松ストーブで発電試験をした時とあまり変わりはなかった。メラメラとよく燃えるが、火力が弱い

のである。

　諦めて、山崎さんに報告した。「ダメだ！　もっと強力なストーブはないのか？」と言うと、彼は高山から直ぐに飛んできた。持ってきたのが、ロケットストーブだった。

　そして、彼は目の前で組み立て始めた。ピエール缶とL字煙突部品と断熱材だけである。火を着けた。凄い勢いのある火柱が立った。焚き口を小さくして煙突効果を利用し、二次燃焼を促進するもので、構造はいたって簡単である。2000年代にアメリカから導入され、アウトドア用に日本で普及した。

　2014年、こうして我々のロケットストーブ発電機の開発がスタートしたのである。

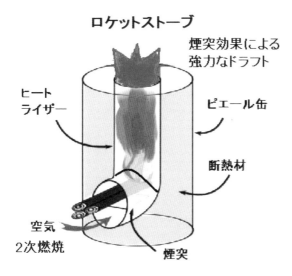

ロケットストーブ

煙突効果による
強力なドラフト

ヒート
ライザー

ピエール缶

断熱材

空気
2次燃焼

煙突

ロケットストーブ原理

　早速、そのロケットストーブに櫓を組んで、従来のスターリングエンジンを搭載した。明らかに違う。燃料を竹にすると火力が更に強くなり、ヘッドの温度が780℃に達した。発電も150Wを軽く超え、180Wは出ている。

高温の燃焼ガスが、エンジンのヘッドの頭へ高速でぶち当たる。熱伝達率が上がり、エンジンのヘッドに熱が入りやすい。しかもロケットストーブは安価にできる。凄い！

　我々は、煙突の高さ、トップの隙間、輻射熱用カバー、燃料の木材など、様々なデータを取った。その後、プロト1号機を自分たちの手で製作した。石川の友人にCO_2カットを頼んだり、燃料の竹を調達したり、石川は、ここでも本領を発揮した。

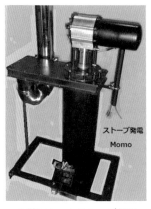

1号ロケットストーブ発電

エンジンを外し炎の観察

　ロケットストーブ専用の小ヘッドのエンジンも製作した。ロケットストーブのヒートライザーには直径106の煙突が採用されたので、スキマを考慮し、エンジンのヘッド径を直径84と小径にした。大径だと圧力損失が増えるからだ。

　更に、ヘッド材料はアルミ青銅からステンレスとした。このことで出力は100～120Wまで低下するが、止むを得ない。

小ヘッドのエンジン

実は、ロケットストーブ発電が容易になったのは、バッテリーと充電コントローラの電圧を 12v 系から 24v 系にチェンジしたからだ。そうすると負荷が軽くなり、高速運転が可能になる。エンジンは軽やかに回って最高 2000rpm まで上がるが、平気だ。耐久性も確実に上がった。これは次の式からも明らかである。

$$W（仕事）= V（電圧）\times I（電流）= N（回転数）\times T（トルク）、N \propto V、T \propto I$$

　また、木材に替えて、プロパンガス燃料でも、空気を絞り未燃状態にして燃やすとロケットストーブになることが分かった。これも大きな成果である。同じ構成で、木質燃料とガス燃料の両刀使いができるからだ。
　エンジンの冷却器はカワサキのオートバイ用の再生ラジエータを使用し、ファンの音を抑えるため電圧を 8v に落とした。ポンプは金魚用で 12v とし、冷却系の消費電力を 13W に抑えたのは、絶妙な技であった。ロケットストーブ発電の正味発電出力は、この 13W を差し引いた分となる。また、水タンクは市販の広口瓶を使用し、全冷却装置の価格を 2 万円以下に抑えることができた。更に、ロケットストーブ本体は、娘の夫のオーケー板金が CO_2 レーザー加工で部品を製作し、組み付けまでできるようにした。結果、15 万円 / 台の低価格に収まる。こうした附属部品とストーブ本体の低コスト化は、量産に向けた大きな第一歩である。
　1 号機のロケットストーブは、高山のイベントや信州のイベントでよく働いた。その活動の中で、高山市の副市長や環境部の人たちへのプレゼンも山崎さんたちとともにやってきた。皆イキイキとしていた。
　高山市は豪雪地帯を多く抱えており、平成 18 年の大雪では多くの村が孤立して命の危機に瀕したことがあり、薪やプロパンガスで発電・暖房・調理ができる非常用発電機に興味を持っていた。
　朝日新聞社にも、女房の友人の元新聞記者の木田さんを通じて、売り込み、実際に記事になった。結果、高山市も 3 台の購入を決めた。ここまで 1 年の歳月がかかったが、早い開発だ。

新聞　（夕刊）

ストーブ発電　おやじの挑戦

「避難所で役立つ」低価格化へ

災害時に使えるようにと、発電だけでなく、冷えた体を温めるストーブと、温かい食べ物を調理する機能も兼ね備えた「ストーブ発電機」が開発された。燃料は、竹や割り箸。2014年12月に岐阜県飛騨地方を中心に長期間の停電が相次いだ大震災害を経験した開発者らは、「災害時に必ず役立つ」と避難所からの普及をめざす。

スターリングエンジン

外部から熱を与えることで動く外燃機関の一つ。内部に密閉された気体を熱で膨張させたり、収縮させたりしてピストンを動かす。内燃機関に比べてコストや出力で不利だったため、長年実用化されなかった。最近では、木質バイオマスなどでも動かせる点に加え、環境負荷が小さいことが見直され、開発が続けられる。

開発したのは、愛知県安城市の「百瀬機械設計」社長で百瀬豊さん（71）と、里山再生をめざす岐阜県高山市のNPO法人「活エネルギーアカデミー」理事長の山崎昌彦さん（60）ら。百瀬さんの名などにちなみ、「ストーブ発電Momo」と名付けた。

本体は、下にたき口があり高さ約1㍍の円筒の上に、熱することで動くスターリングエンジン＝写真＝が載った構造。細く割った竹や、割り箸などを燃やした熱を、スターリングエンジンを回す力に変える。最大で140℃程度、最も効率が良い竹だと最大で100㌾以上の電力が得られる。燃焼時の熱で食材を焼く鉄板も付けた。

2人の出会いは14年秋。百瀬さんは、大手自動車部品会社でスターリングエンジンの実用化に取り組み続け、00年に独立。化石燃料以外の熱源にこだわり、ストーブも試したが熱を効率的に得られず、壁に当たっていた。

●「ストーブ発電Momo」を使って発電の実演をする百瀬豊さん（左）と山崎昌彦さん（中央）ら。薄切りにしたサツマイモが焼けた▽山崎昌彦さんが作ったロケットストーブ＝いずれも岐阜県高山市

ロケットストーブ

朝日新聞 2016.1.5 夕刊

　正式な1号機は、翌年の2015年3月に山崎さんの研究所ロッジに納入された。大幅なコストダウンがなされた結果、この時の販売価格は一式102万円であった。

　このような販売価格になったのは、シリンダーヘッド径を従来の直径120から直径84にしたことでSUSパイプ材から一体で切削加工できたのが最大の理由だが、ロケットストーブや附属品の冷却装置および制御盤に安価な市販部品を多く流用できたことも大きい。

　納入後、山崎ロッジで連続運転されており、2年を経過した後でも大きな問題は出ていないと報告された。

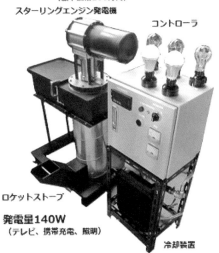

防災用ロケットストーブ
（標準価格15万円）

焼肉鉄板
煮炊き専用ポート
灰処理
プレート
焚口
灰落しプレート

ロケットストーブ発電MoMo
（標準価格100万円）

スターリングエンジン発電機
コントローラ

ロケットストーブ
発電量140W
（テレビ、携帯発電、照明）
冷却装置

山崎さんのロッジに搬入したロケットストーブ発電

　気が付いたら、私と山崎さんだけが新聞やテレビで脚光を浴びており、石川が取り上げられることは全くなかった。石川はきっと面白くなかったのだろう。私は気が付かなかった。自分自身、有頂天になっていた。女房も、新聞を買い漁ったり、テレビの編集をして、友人に配って自慢していた。

　ある日 RC の江崎さんの計らいで、スターリングエンジンの講習会が山崎ロッジで開催された。ほぼ 30 名の人が集まったが、その中に金田さんと明日香さんがいた。私に会うために来たのだという。金田さんは 50 歳くらいで、デンソーを途中退職してロケットストーブにのめり込んだ変わり者である。その人たちと意気投合し、コラボすることになった。

　この金田さんから提示されたガス化燃焼ロケットストーブの技術を導入することにした。ガス化が促進されて火力が強く、乾留筒に多くの木材がストックでき、火保ちが良いのが魅力であった。2 号機以降は、全

てこの方式に切り替えた。

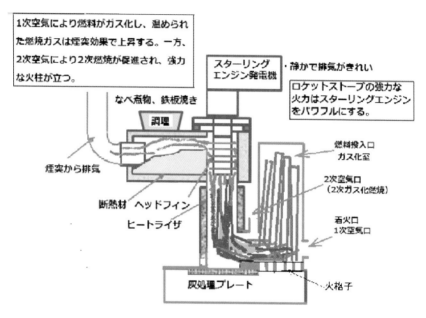

ガス化燃焼ロケットストーブ発電の原理図

　2016年5月、このガス化ロケットストーブ発電を名古屋メッセに出展した。屋外で実機運転すると結構反響があり、河村市長も見学に来ていたが、この人は落ち着きがなくて人の説明を殆ど聴かない。

　石川が辞めたいと言い出したのは、この展示会の頃からだった。彼はアルバイトの運転業にのめり込み、次第に笑顔も少なくなっていった。また、金田さんとのコラボのことが中日新聞に取り上げられたが、石川にはこのことを言わなかった。

　当時、インドネシアのBandung工科大学へのストーブ発電の輸出の話が出てきた。インドネシアのヤシガラや竹材を燃料にした離島用バイオマス発電を研究することが目的であった。この件は帝京大学のあの教授、江口さんのコーディネートによるものだ。

　事前に、大学のパンジーさんが1週間、当社に研修に来て準備が整っ

た。2016年6月、研修代や輸出費も含め160万円で2号機の納品が完了。試験研究した後、本格的にインドネシアでスターリングエンジンの製作を行いたいという要望が出された。しかし、新型コロナの流行で、その後の進展は中断してしまった。

　このインドネシア向け2号機の製作・輸出の仕事の成果で、石川には報酬16万円が支払われ、彼は喜んでいた。そして一言、「これからしっかり仕事をしてくれよ！」と念を押したら、気に障ったようで、6月になってあまり顔を出さなくなり、最後は喧嘩別れになった。

　女房は、心配して、石川と仲直りするように、彼にも何度か電話して、その年の暮れに一緒に食事する約束を取り付けていた。

　その後、9月になって、リフトフの金田、明日香さんの店舗に3号機を納めた。明日香さんは凄いパワフルで、明るい女性だ。スターリングエンジンに興味を持ち、私のためにNPO法人を立ち上げた。更に、クラウドファンディングを利用して、ロケットストーブ発電機の購入をしてくれたのだ。

　代わりに、いろんなイベントに参加させられた。女房や娘の彩子まで引っ張り出されたが、2人とも雰囲気を結構、楽しんでいたようだ。

　石川が辞めた後、女房や娘の手を借りて、ロケットストーブのガス化燃焼の改善も進めることが多くなった。

　ロケットストーブ発電「MoMo」も性能・信頼性が安定し、コストは一式102万円で正式販売できるようになった。製造原価はエンジン、制御盤、冷却装置、ロケットストーブを含め60万円程度に収まった。利益は40万円強ある。

　その後、千葉県の太陽電池メーカーのMSEにロケットストーブ発電機の4号機と300Wエンジン単体が売れた。太陽光発電と薪ストーブ発電のハイブリッド発電に利用するそうだ。1個のパワーリレーがあれば簡単に太陽光発電が接続できる。

　前述の高山市へも5、6号機の2台を納品するにあたり、山崎さんの所で高山市の立ち会いのもとプレゼンを実施した。プロパン燃焼装置も

オプションで付け、販売価格は 120 万円だ。ガスと薪の両刀使いは、かなりインパクトを与えたようだ。

　ロケットストーブ発電は従来のスターリングエンジンに付いている空気予熱器が省略されており、その代わりに発電以外に暖房、調理ができ、総合効率が高い。更に、木質燃料とプロパンガス両刀使いがワンタッチで可能というメリットがある。

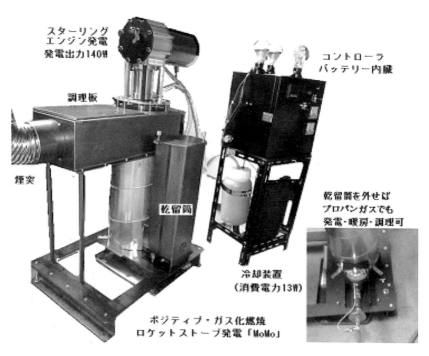

ロケットストーブ発電装置

　千葉と高山市へは、女房と一緒に納品に行き、翌日は 2 人で旅を楽しんだ。古川町では街を 2 人で散策、川に群れる赤い鯉、酒屋でちょい飲みし、久しぶりにかわいい女房を見た。

　そして、11 月に入ってオーブン付きの本格的ロケットストーブの動画をユーチューブへアップロードした。その中の最後のほうで、女房と

一緒にコーヒーを飲みながらピザを楽しむシーンもある。

　だのに！　女房は 2016 年 11 月 24 日にお風呂場で倒れて、突然天国に逝ってしまった。寂しい限りである。私はしばらく働く意欲がなくなり、ぼんやりする日が多くなった。

　女房のお通夜には、あの石川が夫婦で駆けつけてくれた。私の目には涙が溢れた。一緒に食事はできなかったけれど、きっと女房も草葉の陰で喜んでいるだろう。

　2016 年度の最後の仕事は、飯田市にある南信工科短期大学への 7 号機の納入であった。1 人で納品に行ったのだが、これが最後の仕事となった。ロケットストーブ発電「MoMo」は、これで 7 台が出荷されたことになる。

2. 非常用発電市場

　地震、津波、雪害などの災害時には、電気・ガスのインフラが途絶えることがある。それが極寒の冬で、エアコンやヒーター、石油暖房が使えないと命に関わるが、薪やプロパンボンベさえあれば、ロケットストーブ発電・暖房・調理ができる。

　ニッチな非常用発電市場であるが、お役に立てるのではないか。販売価格が 102 〜 120 万円（プロパンバーナとボンベ付き）であれば、充分市場があることが証明されている。

　なお、プロパンだけの燃料であれば、煙突は不要である。また、ロケットストーブは完全クリーン燃焼ができるため、安全でもある。

　木質系燃料のスターリングエンジン発電は空気予熱器が構成できないことと燃料の発熱量が低いので、出力が極端に落ちる。価格から見ても、ロケットストーブ発電のみが商品として成立する。

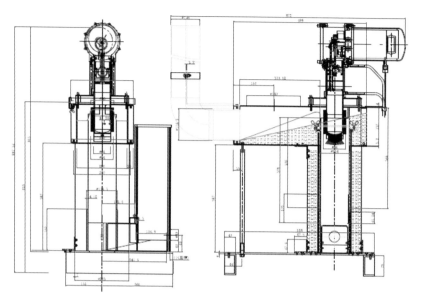

ロケットストーブ発電

　バッテリースイッチを投入してロケットストーブに着火し、温度表示が230℃になると冷却装置が自動で作動する。その後、260℃で赤ランプが付く。

　ここで起動ボタンをプッシュすると瞬時に発電を開始し、燃料をカットして自然停止する。

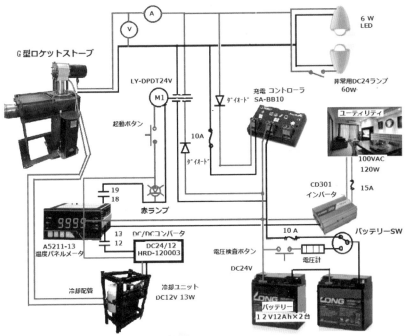

ロケットストーブ発電・充電・電力利用

ロケットストーブ発電制御回路

3. 独立電源市場

　24v 太陽光電池をハイブリッドで接続し、昼は太陽光で、夜はプロパンまたはペレット燃料で発電する独立電源としての利用も可能となる。

　メリットは、バッテリーや太陽光電池が最小限でよく、暖房や調理や湯沸かしも行えることである。勿論、雨や雪や曇りが続いても、災害時でも、安心して利用できる。エアコンなど大型家電は運転できないが、価格的には 10 万円程度のアップで収まるので、お手頃である。

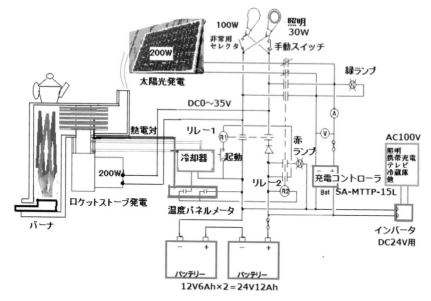

太陽光電池とロケットストーブ発電のハイブリッド回路

4. 廃熱回収発電市場

　この小型のスターリングエンジンを1モジュールとして複数台アレイで設置して、ゴミ焼却発電や工場高温排ガス発電などに供することも将来、可能となる。

　また、LNGをガス化する際に冷熱（マイナス162℃）で発電することもできる。ヘッド側にLNGを、冷却側に温水を流し、モーターは逆回転で起動・発電する。N（数）の理論で全伝熱面積は増えるが、死容積は増えないので効率・出力の低下がない。

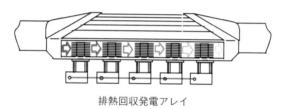

排熱回収発電アレイ

スターリングエンジンのネックは、高温側の熱交換器にある。燃焼ガス—He ガスの熱交換となるため、入熱量を増すには伝熱面積か加熱温度を高くするしかない。一般的な高温熱交換器はチューブタイプが用いられるが、大きくすると死容積が増加し、圧力比が低下する。結果、出力が伸びない。そこで、N（数）の理論が有効となる。

　死容積とは掃気容積（行程容積）を除いた無効容積のこと。

5. ロケットストーブ発電の心残り

　ここは少し専門的になるが、次の課題を達成できれば、発電最大出力200 ～ 300W と耐久性が大幅に改善できるだろう。

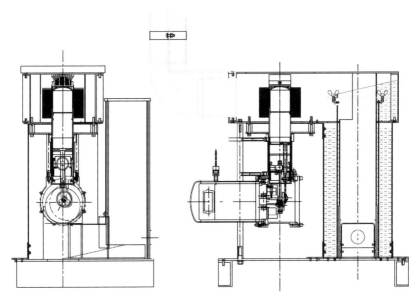

目指すロケットストーブ発電

・ロケットストーブにおけるエンジン倒立姿勢をエンジン縦置き正立姿勢に変更する。ピストン潤滑をエンジンオイル跳ね掛け式として、

オイルが重力で加熱空間に侵入し、消耗するのを確実に防止する。結果、耐久性が更に向上する。

・ロケットストーブのエンジン位置を直接火炎に晒されるヒートライザーポジションから煙突側にオフセットし、エンジンヘッドϕ 84 → ϕ 120 以上とし、ヘッドフィンを燃焼ガスに平行に置き、入熱量および発電出力 200 ～ 300W への向上を図る。

・シリンダー材料をステンレスからアルミ青銅に変え、シリンダー内部の受熱と放熱の熱伝導を改善する。低コスト化のため、ϕ 120 フィンは sus310s でニッケルロー付けを検討したほうがよい。

第 5 章

最後に

　私は 2016 年に女房を亡くし、2019 年には、私の後を引き受けてスターリングエンジンの開発を続けると約束されていたジェー・ピー・イーの工藤社長が交通事故で亡くなられた。

　私自身も前年手術した動脈瘤にブドウ球菌が感染し、5 ヶ月間、病院生活を送ることになり、体力と気力をなくし、2019 年、76 歳で会社を閉会することを余儀なくされた。

　残念ながら、スターリングエンジン開発も完成間際で中断することになったが、当初は失敗ばかりで多くの方に迷惑をかけてしまった。心よりお詫び申し上げたい。そして、日本スターリングエンジン普及協会をはじめ、温かく支えていただきながら協力してくださった多くの関係者に感謝する次第である。

　しかし、つい最近 2023 年 5 月のことである。ケーエスケーの楠社長から、ロケットストーブ発電機を是非、譲ってほしい人がいるという話があった。その人物とは岡山の水島工業高等学校の矢吹先生で、柔道で鍛えた背の高いがっしりした誠実そうな人であった。

　手元に残してあった最後のロケットストーブ発電機「MoMo」を 7 年ぶりに運転したところ、一発でブルーンと勢いよく回り、矢吹先生も私自身も吃驚した。狙い通り、ヘリウムガスは殆ど抜けていなかったのだ。その後、ケーエスケーを通して無事に矢吹先生に納めることができ、私も大満足である。特殊なバイオマス燃料での発電の研究に、この「MoMo」を使うとのことである。これで 8 台のロケットストーブ発電が出荷されたことになる。

　また、この度、私の女房の学生時代からの友人のご主人である木田氏

から、アイシン時代のワールド・ソーラー・チャレンジ（WSC）のことを書くようにと強い要請があり、33年も昔のことだったが、微かな記憶を頼りにまとめてみた。若干の間違があるかも知れないがご容赦下さい。

　ソーラーカーレースはこのようなスターリングエンジン開発のプロセスの1つである。世界で初めてスターリングエンジンを搭載したソーラーカーということで有名になった。アイシン精機の偉大な経営者の豊田稔の下で為しえたことである。アイシン時代、スターリングエンジン（SE）のプロジェクトは全て失敗に終わったが、SE開発に従事できたことは幸せであった。

　この時代のスターリングエンジンは、私や私の部下であった渡辺に引き継がれ、自身のライフワークにも繋がった。

　自動車用スターリングエンジンの開発に始まり、宇宙用ソーラー発電、ソーラーボート、ソーラーカー、地上用ソーラー発電と繋いだ40年の長い道のりの行き着いた先が、このロケットストーブ発電となったことに私は大変満足している。

　また、冒頭で申し上げたように、ロケットストーブ発電は、根気とやる気のある方がこの本をじっくり読めば、必ず完成させられる。本気でやれば、本書に登場する人や会社の中にも協力してくださる方が現れるかも知れない。

　なお、名前は分かる範囲で実名を表示し、会社・団体名も敬称抜きで記載させていただいた。ご了承ください。

著者略歴

百瀬　豊（元百瀬機械設計代表取締役）

1944 年　満州国奉天生まれ
1966 年　大阪市立大学工学部機械科　卒業
　　　　　アイシン精機株式会社　入社
1997 年　第二開発部　部長
2000 年　アイシン精機退社
　　　　　百瀬機械設計㈱設立　代表取締役社長
2020 年　百瀬機械設計㈱閉会

著書
『スターリングエンジンの設計』（共著）パワー社
『スターリングエンジンの理論と設計』（共著）山海堂
『日本が生き残るには』風詠社

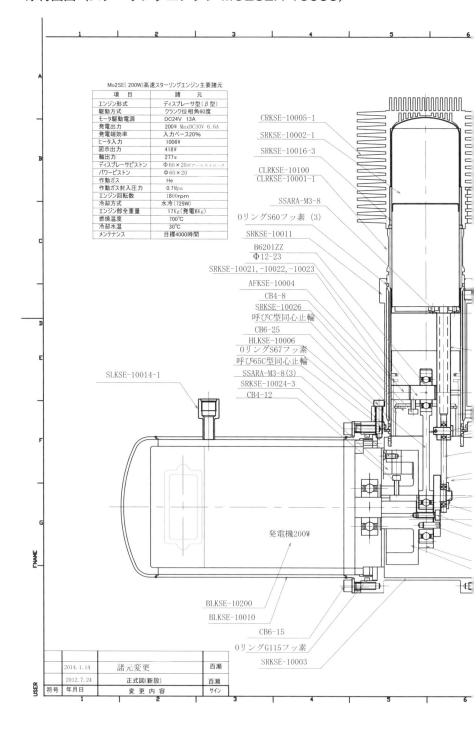

Mo2SE(200W)高速スターリングエンジン主要諸元	
項　目	諸　元
エンジン形式	ディスプレーサ型（β型）
駆動方式	クランク位相角60度
モータ駆動電源	DC24V　13A
発電出力	200W　MaxDC30V 6.6A
発電端効率	入力ベース20%
ヒータ入力	1006W
図示出力	418W
軸出力	277w
ディスプレーサピストン	Φ60×20ボアー×ストローク
パワーピストン	Φ60×20
作動ガス	He
作動ガス封入圧力	0.7Mpa
エンジン回転数	1800rpm
冷却方式	水冷(729W)
エンジン部全重量	17Kg(発電6Kg)
燃焼温度	700℃
冷却水温	30℃
メンテナンス	目標4000時間

CRKSE-10005-1
SRKSE-10002-1
SRKSE-10016-3
CLRKSE-10100
CLRKSE-10001-1
SSARA-M3-8
OリングS60フッ素（3）
SRKSE-10011
B6201ZZ
Φ12-23
SRKSE-10021,-10022,-10023
AFKSE-10004
CB4-8
SRKSE-10026
呼びC型同心止輪
CB6-25
HLKSE-10006
OリングS67フッ素
呼び65C型同心止輪
SSARA-M3-8(3)
SRKSE-10024-3
CB4-12

SLKSE-10014-1

発電機200W

BLKSE-10200
BLKSE-10010
CB6-15
OリングG115フッ素
SRKSE-10003

符号	年月日	変　更　内　容	サイン
	2014. 1. 14	諸元変更	百瀬
	2012. 7. 24	正式図(新設)	百瀬

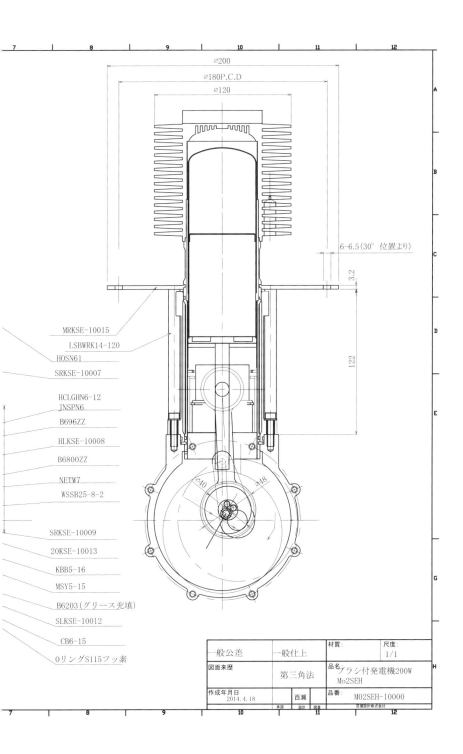

夢のスターリングエンジン搭載　ソーラーカーは繋ぐ

2024年2月14日　第1刷発行

著　者　百瀬　豊

発行人　大杉　剛

発行所　株式会社風詠社

〒553-0001　大阪市福島区海老江 5-2-2

大拓ビル 5 - 7 階

℡ 06（6136）8657　https://fueisha.com/

発売元　株式会社 星雲社

（共同出版社・流通責任出版社）

〒112-0005　東京都文京区水道 1-3-30

℡ 03（3868）3275

装幀　2DAY

印刷・製本　シナノ印刷株式会社

©Yutaka Momose 2024, Printed in Japan.

ISBN978-4-434-33444-3 C3053